工程卫士
建设赢家

王早生

二〇二二年八月十六日

2025 中国建设监理与咨询

——监理项目精细化质量管理探索

组织编写　中国建设监理协会

中国建筑工业出版社

图书在版编目（CIP）数据

2025 中国建设监理与咨询 . 监理项目精细化质量管理探索 / 中国建设监理协会组织编写 . -- 北京：中国建筑工业出版社，2025.4. -- ISBN 978-7-112-31082-1

Ⅰ. TU712.2

中国国家版本馆 CIP 数据核字第 2025HC7933 号

责任编辑：陈小娟
文字编辑：汪箫仪
责任校对：党　蕾

2025 中国建设监理与咨询
——监理项目精细化质量管理探索
组织编写　中国建设监理协会
*
中国建筑工业出版社出版、发行（北京海淀三里河路 9 号）
各地新华书店、建筑书店经销
北京雅盈中佳图文设计公司制版
天津裕同印刷有限公司印刷
*
开本：880 毫米 × 1230 毫米　1/16　印张：$7\frac{1}{2}$　字数：300 千字
2025 年 4 月第一版　2025 年 4 月第一次印刷
定价：35.00 元
ISBN 978-7-112-31082-1
　　　　（44809）

项目管理与咨询　　61

信息化建设　　81

创新与发展　　93

百家争鸣　　101

中国建设监理协会七届三次理事会在北京召开

2025 年 2 月 19 日，中国建设监理协会七届三次理事会在北京召开。

中国建设监理协会第七届理事会会长王早生、副会长兼秘书长李明安、副会长刘伊生、张铁明、孙惠民、陈群毓、冉鹏、孙成、苗一平、吕所章、付静、尹松、王岩，上海市建设工程咨询行业协会会长夏冰等 306 位理事出席了会议。监事会监事长孙成双、监事朱迎春，广东省建设监理协会会长史俊沛、协会工程管理与咨询分会会长乐云、工程监测与诊治分会副会长兼秘书长陈大川列席了会议。会议由中国建设监理协会副会长兼秘书长李明安主持。

王早生会长向理事会报告了协会 2024 年工作情况和 2025 年工作要点，对协会 2024 年工作情况进行了客观全面的总结，同时对 2025 年工作进行了总体部署。

李明安副会长兼秘书长对协会 2025 年工作要点进行了补充说明。

刘伊生副会长作协会关于调整和增补七届理事、常务理事的报告；张铁明副会长作关于调整和增补副会长的报告，会议表决通过了以上报告，选举增补夏冰、史俊沛为协会副会长。

会议第二阶段，夏冰副会长作协会关于聘任分会负责人的报告；孙惠民副会长作协会关于发展单位会员的报告；陈群毓副会长作协会 2024 年第四季度发展个人会员情况的报告。会议表决通过了以上报告。

协会副会长兼秘书长李明安作会议总结，代表协会向新任理事、常务理事、副会长和分会负责人表示祝贺！他指出：2024 年协会在大家共同努力和支持下，完成了年度工作要点，开展了一系列创新性工作，并取得了一些成果。2025 年，协会将继续坚持稳中求进工作总基调，完整准确全面贯彻新发展理念，携手共进、凝心聚力，以更加饱满的热情、更加坚定的信念、更加务实的作风，扎实落实 2025 年工作要点，服务好广大会员，为监理行业高质量发展贡献智慧和力量。

中国建设监理协会第七届三次理事会顺利完成了各项议程。

中国建设监理协会2025年度工作座谈会在广州顺利召开

为贯彻落实全国住房城乡建设工作会议"深化改革 狠抓落实 奋力推进住房城乡建设事业高质量发展"的会议精神，扎实推进协会工作，2025 年 1 月 3 日，由中国建设监理协会主办、广东省建设监理协会协办的"中国建设监理协会 2025 年度工作座谈会""协会专家委员会负责人 2025 年度工作座谈会"在广州召开。中国建设监理协会会长王早生、副会长兼秘书长李明安、副会长刘伊生、孙惠民、陈群毓、冉鹏，协会七届理事会专家委员会负责人，各省、自治区、直辖市工程监理行业协会及协会各分会负责人出席相关会议并发言。会议由中国建设监理协会副会长兼秘书长李明安主持。

会上，王早生会长传达了全国住房城乡建设工作会议精神，希望大家借助会议东风，坚持稳中求进工作总基调，齐心协力谋划监理改革发展。他提出，行业协会应以问题为导向，以目标为导向，以结果为导向，积极开展各项工作，稳妥地推动工程监理行业改革，为建筑业加快城市更新、绿色智能建造贡献监理力量。

会议围绕"夯实监理基础，深化监理改革"的主题，盘点了 2024 年协会重点工作，就成效显著、具有影响力的工作打造成为协会品牌工作达成了共识；针对工作中需要完善的问题进行了复盘，及时总结经验；就协会 2025 年度重点工作展开了深度研讨，初步形成了 2025 年度重点工作清单。

李明安副会长兼秘书长作会议总结。他强调，行业协会要加强自身建设，加强与政府部门的沟通，与之形成合力，提升协会凝聚力和公信力，推动监理行业高质量发展。他提出，要以标准化推进监理工作规范化，以宣传培训广泛引育人才，以数智化重塑监理新价值、新动能，持续引领监理行业坚守保障工程质量安全的初心，让人民放心。

本次会议在年底工作总结与年初工作谋划之际召开，具有重要意义，为专家委员会 2025 年度重点工作和协会 2025 年重点工作谋篇布局打下坚实基础。

中国建设监理协会"工程监理行业发展改革研究"课题验收会在上海顺利召开

2025 年 1 月 17 日，中国建设监理协会"工程监理行业发展改革研究"课题验收会在上海召开。中国建设监理协会会长王早生、副会长兼秘书长李明安、北京交通大学教授刘伊生、北京建筑大学教授孙成双、同济大学教授乐云、上海同田工程咨询有限公司董事总经理杨卫东等领导和专家出席会议并参与验收。会议由中国建设监理协会行业发展部主任孙璐主持。

验收会上，监理大师龚花强代表课题组对研究成果进行了汇报。本次课题的研究内容涵盖了工程监理职责定位、服务定价机制、人才队伍建设、行业监管和数字化发展五个方面，全面系统地探讨了工程监理行业改革发展路径，并针对问题提出相应的对策建议。

验收专家审阅了课题相关成果资料，肯定了课题研究形成的"工程监理行业发展改革研究报告"，并提出相关建议。专家组同意通过课题结题验收。

验收组组长、北京交通大学教授刘伊生在会上提出，针对目前行业迫切需要解决的监理职责定位、服务定价机制问题，建议在本次课题研究的基础上，组织相关力量开展更进一步的深入研究，为下一步实际操作提供切实可行的方案。

中国建设监理协会副会长兼秘书长李明安提出，工程监理行业在新时代背景下面临着前所未有的挑战，同样也面临巨大的发展潜力。本次课题涉及五个专题，范围广、内容多、任务重，希望课题组针对五个专题内容，进一步补充完善相关对策建议，并作为成果向行业发布。

中国建设监理协会会长王早生提出，课题虽然验收，但是成果不是句号，研究也不是阶段性的，行业改革发展要持续深化下去。希望课题组继续完善相关工作，真正为行业改革发展贡献力量。

中国建设监理协会与上海市建设工程咨询行业协会工作交流座谈会在上海召开

2025 年 1 月 17 日，中国建设监理协会与上海市建设工程咨询行业协会工作交流座谈会在上海召开，中国建设监理协会副会长兼秘书长李明安、副会长刘伊生、行业发展部主任孙璐，中国工程监理大师龚花强、杨卫东，上海市建设工程咨询行业协会常务副会长张强，副会长曹一峰、何情等出席会议。会议由上海市建设工程咨询行业协会秘书长徐逢治主持。

中国建设监理协会副会长兼秘书长李明安传达了全国住房城乡建设工作会议精神，全面回顾了中国建设监理协会 2024 年协会工作，并对 2025 年协会工作进行了展望。他提出要凝心聚力，宣传监理成效，提振监理士气；适应市场变化，育才引贤，提升监理履职能力；多措并举，创新求变，充分发挥监理作用；加强行业自律和信用体系建设，维护市场秩序。他还指出，2024 年协会做了许多夯实行业基础、提振行业士气、推动行业发展的有益工作，包括课题研究、标准编制、典型案例汇编、业主满意度调查、行业发展报告编制等，这些成果在 2 月份召开的工程监理行业成果发布大会上向全行业发布。以上这些工作离不开上海协会及专家们的大力支持和努力，也希望新的一年上海协会继续带领上海监理企业为行业作出新的贡献。

中国建设监理协会副会长、北京交通大学教授刘伊生在会上表示，上海监理企业虽然数量占全国企业总数比例不大，但是上海监理能量大，企业总产值在全国行业处于较高水平，尤其上海头部监理企业在全国影响非常大。2025 年，是监理行业提升自我、创新发展的关键一年，希望上海协会和上海企业在新的一年持续发挥积极作用，为推动监理行业提质增效、高质量发展而努力。

座谈会上，与会嘉宾与监理企业代表分别就行业现状、人才培养、工程监理制度改革等方面深入交流，并在会上产生了诸多共鸣和共识。上海监理企业代表纷纷表示，2025年是"十四五"收官之年，也是"十五五"谋划之年，在新年伊始召开交流座谈会意义非凡。新的一年，在中国建设监理协会的指导和带领下，上海监理行业必将凝心聚力，砥砺奋进，为行业高质量发展贡献力量。

参加座谈的企业包括上海建科工程咨询有限公司、上海同济工程咨询有限公司、上海市建设工程监理咨询有限公司、上海三凯工程咨询有限公司、上海天佑工程咨询有限公司、上海振南工程咨询监理有限责任公司、上海华城工程建设管理有限公司、中铁上海设计院集团上海先行建设监理有限公司等。

中国建设监理协会会长王早生一行赴上海华城公司调研

2025 年 1 月 17 日上午，中国建设监理协会会长王早生、上海市建设工程咨询行业协会顾问会长孙占国赴上海华城工程建设管理有限公司调研。上海华城公司副董事长张海峰、执行总裁张选岐、副总裁李汾、总工程师刘晓等出席会议，并就上海华城公司基本概况、组织架构、管理理念、业务开展、"慧监理"信息化应用建设情况等方面进行了介绍。

王早生会长听取汇报后，对上海华城公司近年来的发展成果给予了高度评价，并对上海地区监理企业咨询业务发展数字化建设的成绩给予了充分认可。他指出，加强信息化建设是监理行业转型的必经之路，要勇于创新、敢于突破，努力激发企业人才发展活力与动力，做大企业规模，继续发挥好企业的品牌建设和数字赋能优势，做好工程卫士和建设管家，为促进建设事业高质量发展作出不懈努力。

上海市建设工程咨询行业协会也将继续发挥行业引领和桥梁纽带作用，指导和督促行业和企业进一步提升咨询服务水平，积极拓展全过程咨询业务，深化数字化转型，强化企业核心竞争力，从而扩大监理行业影响力，为行业提质增效、升级发展贡献一份力量。

（上海市建设工程咨询行业协会　供稿）

中国建设监理协会"建筑工程现场监理数智化实施方案研究"课题验收会在北京顺利召开

2025 年 2 月 10 日，中国建设监理协会"建筑工程现场监理数智化实施方案研究"课题验收会在北京召开。中国建设监理协会副会长兼秘书长李明安，中国建设监理协会副会长、专家委员会常务副主任刘伊生，中国建设监理协会专家委员会副主任李伟、姜军、任旭等领导和专家出席会议并参与验收。会议由中国建设监理协会行业发展部主任孙璐主持，课题组成员 19 人线上线下参加了验收会。经推荐，由刘伊生教授担任验收组组长。

验收会上，山东省建设监理与咨询协会会长陈文介绍了结题报告基本架构和相关内容，山东省建设监理与咨询协会副秘书长陈刚代表课题组，围绕数智化调研、监理工作数智化清单、施工现场数智化监理工具的功能需求分析等进行了汇报。

验收专家审阅了课题相关成果资料，肯定了课题研究形成的"建筑工程现场监理数智化实施方案研究课题结题报告"，并提出了建设性的意见和建议，希望课题组应秉持更高标准对研究成果进行评估筛选，针对保留项目需精心规划后续发展路径，提出能落地实施的方案。专家组同意课题通过结题验收。

中国建设监理协会副会长兼秘书长李明安总结讲话，指出随着工程建设行业智能建造及数智技术的快速发展，监理要尽快适应，否则就跟不上数智技术的发展了。本课题应紧紧围绕数智赋能这一核心，集中力量尽快突破三至四项关键的数智监理手段。同时，建议课题组进一步精简研究内容，形成一份操作性及实用性强、能尽快落地实施的方案，助力监理行业在数智时代实现跨越式发展，为建筑工程质量和安全提供更有力的保障。

云南省建设监理协会第八届一次会员大会隆重召开

2025 年 2 月 24 日，云南省建设监理协会第八届一次会员大会在云南昆明隆重召开。中国建设监理协会会长王早生，云南省住房和城乡建设厅总建筑师钏林、建筑市场监管处处长马兴文，云南省民政厅社会组织管理局二级调研员胡培方等领导出席会议。会议由协会第七届秘书长、换届选举委员会副主任姚苏容主持。132 家会员单位代表共计 142 人参加了会议。

会议按程序审议通过了第七届理事会工作报告、财务工作报告、学校财务工作报告、监事会工作报告、2024 年会员单位入退会情况、《云南省建设监理协会章程（修订稿）》和换届选举办法，听取了协会党支部第七届工作报告。选举产生了新一届理事会、常务理事会、监事会。王锐当选为第八届理事会会长，郑煜、黄初涛、张剑、陈建新、李俊、何洁、周荣先当选为副会长，姚苏容当选为秘书长。

（云南省建设监理协会　供稿）

江苏省建设监理与招投标协会第五次会员大会暨第五届第一次理事会在南京召开

2025 年 2 月 28 日，江苏省建设监理与招投标协会第五次会员大会暨第五届第一次理事会在南京隆重召开。

江苏省住房和城乡建设厅一级巡视员范信芳，中国建设监理协会副会长兼秘书长、中国工程监理大师李明安，江苏省住房和城乡建设厅建筑市场监管处处长汪志强，江苏省建设工程招标投标办公室三级调研员林琳，中国建设监理协会副会长孙惠民、苗一平、吕所章，江苏省建设监理与招投标协会第四届理事会会长陈贵、秘书长曹达双等有关领导出席会议。安徽省建设监理协会、河南省建设监理协会、江苏省建筑行业协会、江苏省市政工程协会、各设区市建设监理、招投标协会有关负责人应邀参加会议。本次大会共有 1200 余人参加，江苏省建设监理与招投标协会第四届理事会副会长、换届工作领导小组副组长戴子扬主持本次大会。

大会审议通过了第四届理事会工作报告、财务工作报告、监事工作报告、新修订的章程；选举产生了江苏省建设监理与招投标协会第五届理事会理事、常务理事；选举产生了江苏省建设监理与招投标协会第五届监事，吕玉庆同志当选为第五届监事；以无记名投票方式表决通过了会费标准及管理办法；以无记名投票方式选举产生了江苏省建设监理与招投标协会第五届理事会负责人，陈贵同志当选为第五届理事会会长，戴子扬等 37 名同志当选为第五届理事会副会长，陈莹同志当选为第五届理事会秘书长。

会员大会结束后，同期召开了协会第五届第一次理事会，审议通过了江苏省建设工程招标代理机构信用评价办法、发展新单位会员的报告，宣读了参加首届全国工程监理行业知识竞赛获奖名单。

（江苏省建设监理与招投标协会　供稿）

广西工程监理高质量发展暨监理行业创新发展20周年论坛顺利召开

2024 年 12 月 30 日，广西工程监理高质量发展暨监理行业创新发展 20 周年论坛在南宁召开。中国建设监理协会会长王早生、广西壮族自治区住房城乡建设厅建管处处长杨东源出席会议并讲话。会议由广西建设监理协会副会长宁辉主持。

广西建设监理协会会长陈群毓致欢迎辞，对各位领导、嘉宾及代表们的到来表示热烈的欢迎和诚挚的感谢，并回顾了广西建设监理协会以及广西监理行业 20 年来取得的辉煌成果。

中国建设监理协会会长王早生作《发展新质生产力是监理行业转型升级高质量发展的必由之路》的主题演讲。他追根溯源，从"来处"与"去处"的角度入手，分析了监理"工程卫士 建设管家"是基本职责，指出了监理"受托人""专业人""社会人"的三重性；解读了什么是新质生产力，针对监理行业发展的痛点、难点提出了解决对策，为工程监理行业在新时代背景下实现高质量发展提供了宝贵的思路与方向指引。

中国工程监理大师、上海同济工程咨询有限公司总经理杨卫东作《固本强基，创新发展——工程监理行业高质量发展的思考与实践》的专题演讲，上海建科工程咨询有限公司党委副书记庄国方作《专业创造价值，转型驱动发展》的专题演讲，重庆赛迪工程咨询有限公司数字化中心主任冯宁作《开发新赛道，创造新价值——工程咨询企业数字化赋能行业发展的思考与实践》的专题演讲。

论坛在热烈的掌声中完美谢幕。

（广西建设监理协会　供稿）

北京市建设监理协会组织编写的《工程建设人员常用通用规范学习要点》在北京首发

2024 年 12 月 27 日，由北京市建设监理协会组织行业专家编写、中国建筑工业出版社出版的《工程建设人员常用通用规范学习要点》（以下简称《通规学习要点》）新书首发仪式在北京举行。出席仪式的有中国建设监理协会副会长兼秘书长、北京市建设监理协会名誉会长李明安，北京市建设监理协会负责人、常务理事及监事潘自强，中国建筑工业出版社副总编辑、土木分社社长范业庶，中国建筑工业出版社编辑、《通规学习要点》责任编辑边琨。首发仪式由北京市建设监理协会会长张铁明主持。

首发仪式上副会长兼秘书长李明安和中国建筑工业出版社副总编辑、土木分社社长范业庶共同为《通规学习要点》揭幕，并对图书出版发行表示祝贺。主编陆参、杨丽萍代表全体编委向出席首发仪式的各级领导赠书。

《通规学习要点》策划人李伟秘书长作新书发布推介，指出图书通过对《建筑与市政工程施工质量控制通用规范》GB 55032—2022、《混凝土结构通用规范》GB 55008—2021、《施工脚手架通用规范》GB 55023—2022、《建筑与市政施工现场安全卫生与职业健康通用规范》GB 55034—2022、《建筑与市政工程防水通用规范》GB 55030—2022 和《建筑节能与可再生能源利用通用规范》GB 55015—2021 等六部通规的分析研究，厘清了在通规执行中与其直接相关的国家现行标准，对相关内容进行了穿透性解读和索引，目的是使读者建立标准体系概念，指导广大工程建设人员更好地理解和掌握这些规范，在工程实践中准确应用和执行。

（北京市建设监理协会　供稿）

北京市建设监理协会成功召开"第七届三次常务理事会"

2024 年 12 月 27 日，北京市建设监理协会在中国建筑工业出版社成功召开第七届三次常务理事会议。协会常务理事、监事以及协会秘书处员工共计 40 余人参加了此次会议。会议特别邀请了中国建设监理协会副会长兼秘书长、北京市建设监理协会名誉会长李明安莅临指导。会议由北京市建设监理协会李艳副会长主持。

会上，张铁明会长在述职汇报中梳理了协会 2024 年在坚持党建引领、助力政府工作、努力服务会员、推进协会建设、引领行业发展、满足培训需求、加强信息交流等方面的工作成效，并对协会当前面临的问题和努力方向进行了客观分析。

李伟秘书长汇报了 2025 年度协会的工作计划，详述了工作目标、重点任务及具体措施等关键内容。

会议期间，与会成员结合自身发展及行业发展，对协会 2024 年工作及 2025 年工作计划展开了讨论，肯定了协会 2024 年工作并对 2025 年工作提出了建设性意见。潘自强监事长在发言中对协会的成绩给予肯定。

中国建设监理协会副会长兼秘书长、北京市建设监理协会名誉会长李明安充分肯定了协会 2024 年所取得的工作成效，就中国建设监理协会 2024 年工作完成情况及监理行业形势、2025 年工作展望及监理行业现状进行了简明扼要的介绍，对协会 2025 年工作寄予了期望。

（北京市建设监理协会　供稿）

山东省建设监理与咨询协会第一次会长会议暨七届二次常务理事会议圆满召开

2025 年 1 月 6 日，山东省建设监理与咨询协会 2025 年第一次会长会议暨七届二次常务理事会议在济宁顺利召开。山东省住房城乡建设厅工程质量安全监管处处长李军出席指导会议、济宁市住房城乡建设局副局长陈运动到会并致辞，山东省协会理事会、监事会、秘书长等协会领导班子，部分市监理协会会长、秘书长，省协会常务理事代表共 60 余人参加。山东省协会党支部书记、会长陈文主持会议。

会议落实第一议题制度，由陈文书记领学中央政治局民主生活会会议精神和习近平总书记的重要讲话，会议传达学习了中央、山东省委经济工作会议、全国住房城乡建设工作精神，重温了习近平总书记关于安全生产的十个方面重要论述及《房屋市政工程生产安全重大事故隐患判定标准（2024 版）》的主要内容。李军处长对《推进建设工程监理行业高质量发展若干措施》进行了解读，详细阐述了各项措施的内涵和意义，并对山东省住房城乡建设厅质安处 2025 年工作要点进行了说明。

会议审议并通过山东省协会 2024 年工作总结及 2025 年工作打算、2024 年财务报告及行业发展大会费用使用情况、监事会工作报告、新会员发展报告以及成立青年工作委员会工作报告等文件。

陈文会长作总结讲话，高度肯定了 2024 年山东省协会取得的成绩，并对 2025 年工作要点进行了部署。

（山东省建设监理与咨询协会　供稿）

云南省住房城乡建设厅会同省监理协会开展《房屋市政工程生产安全重大事故隐患判定标准（2024版）》宣贯培训

2025年1月7日上午，云南省住房城乡建设厅会同云南省建设监理协会，采取以线上线下相结合的方式，组织开展新修订的《房屋市政工程生产安全重大事故隐患判定标准（2024版）》宣贯培训。19家监理企业负责人现场参加了培训，各监理单位（项目部）组织集中观看了培训直播，线上共2845个端口同时接入观看。

培训要求，一要认真学习把握重大事故隐患判定标准，及时消除各类重大事故隐患；二要切实履行监理企业的主体责任，充分发挥工程建设的"卫士"作用、建设单位的"管家"作用、主管部门的"探头"作用；三要着力从根本上消除事故隐患，坚决不做不想管理的"懒人"、不会管理的"笨人"、不善管理的"木头人"、不真管理的"艺人"、不愿管理的"病人"、不敢管理的"坏人"。

（云南省建设监理协会　供稿）

陕西省建设监理协会常务理事会议顺利召开

为贯彻落实陕西省建设工作会议精神，2025年1月16日，陕西省建设监理协会常务理事会在西安召开，全体常务理事、监事及有关人员共计60余人参加会议。陕西省住房城乡建设厅建管处处长季宏升参加会议，会议由会长高小平主持并讲话。

郭红梅副秘书长传达了陕西省建设工作会议精神并通报了2024年度工程监理企业数智化创新与应用先进（优秀）企业和协会先进工作者评选情况，共评选2024年度工程监理企业数智化创新先进企业12家，应用优秀企业17家，评选协会先进工作者18人，会后进入公示环节。

原会长、监事商科向与会同志通报了陕西省住房城乡建设厅拟成立"陕西省国际工程建设联合会"情况。他从陕西省对外承包工程发展基本情况，成立陕西省国际工程建设联合会的优势条件、必要性、宗旨与开展业务范围等方面给大家作了讲解，鼓励有规模、有实力的监理企业积极参加新成立的协会，参与国际工程建设。

与会同志还就落实陕西省建设工作会议精神，做好2025年省监理协会重点工作进行了讨论与发言。

高小平会长强调：一要认真学习贯彻好全省建设工作会议精神，积极筹划和安排部署好2025年省监理协会工作；二要鼓励监理企业走出去，积极与建筑施工企业搭在一起参与国际工程市场竞争；三要监理企业要结合实际，做好施工阶段的监理工作，突出自身发展优势，向"专精特"要效益；四要把城市更新、城中村改造等作为监理企业发展的关注点；五要重视与积极解决监理工资款被拖欠等问题。

（陕西省建设监理协会　供稿）

广西建设监理协会第五届会员大会暨第五届一次理事会成功召开

2024 年 12 月 30 日，广西建设监理协会第五届会员大会暨第五届一次理事会在南宁成功召开。广西壮族自治区住房城乡建设厅党组成员、副厅长黎旭标，中国建设监理协会会长王早生，党委社会工作部二处副处长卢嘉新，民政厅社会组织管理局副局长卢曼妮，住房城乡建设厅相关处室负责人出席了此次大会，355 家会员单位代表参加。会议由广西建设监理协会第四届理事会会长、换届工作领导小组组长陈群毓主持。

全体参会代表审议通过了《第四届理事会工作报告》《第四届理事会财务报告》《第四届监事报告》《广西建设监理协会第五届会员大会及理事会换届选举办法》《广西建设监理协会章程（修订）》。

大会选举产生广西建设监理协会第五届理事会理事和第五届监事会监事。随后召开的第五届一次理事会和第五届一次监事会，选举产生广西建设监理协会第五届理事会会长、副会长、秘书长、监事长。陈群毓同志当选为第五届理事会会长，21 人当选为副会长，黄华宇同志当选为秘书长，邓媛媛同志当选为监事长。

连任当选的第五届理事会会长陈群毓作就职发言，表示新一届理事会将在加强协会自身建设、加强人才培养与队伍建设、强化行业自律与规范管理、拓展对外交流与合作、推动行业创新与转型升级等方面做好工作，倍加珍惜大家给予的信任与支持，与协会全体同仁一道，与所有会员单位一起，不忘初心、砥砺前行，为广西建设监理行业的繁荣发展贡献自己的全部力量。

（广西建设监理协会　供稿）

交流促发展　携手启新程——广东省建设监理协会会长一行赴鲁黑两地协会开展调研交流

为洞察行业发展动态、汲取前沿经验，2025 年 1 月 7 日至 1 月 8 日，广东省建设监理协会会长史俊沛携秘书长黄鸿钦、党支部书记兼副秘书长许冰纯，先后奔赴山东省建设监理与咨询协会以及黑龙江省建设工程咨询行业协会开展深度调研交流活动。

1 月 7 日，山东省建设监理与咨询协会会长陈文主持召开了交流座谈会。双方代表齐聚一堂，紧紧围绕行业发展的前沿趋势、政策的引领导向、企业推陈出新的有力举措、信用评价体系的优化路径，以及企业数字化转型的实践经验等议题，展开了深入的探讨。大家各抒己见、集思广益，力求寻觅破解当下行业诸多难题的切实可行之法。会议期间，双方党支部书记成功签订党建联建签约书，以"党建联动"为引领，推动"合作联动"，致力于构建资源共享、队伍共建、服务协同、共同提升的协会工作新格局，为行业发展注入新动力。

1 月 8 日，在黑龙江省建设工程咨询行业协会陈冬梅会长的陪同下，史俊沛会长一行参观了黑龙江省建设投资集团有限公司展厅，深刻感受到这片黑土地上蓬勃的建设热情与斐然成就。参观过后，双方围绕监理行业管理经验这一核心议题侃侃而谈，分享着各自在规范流程标准、人才培养机制、行业自律措施上的做法，为维护健康市场秩序筑牢共识。

（广东省建设监理协会　供稿）

河北省建筑市场发展研究会第四届五次理事会暨四届四次常务理事会在石家庄召开

2025 年 2 月 26 日，河北省建筑市场发展研究会第四届五次理事会暨四届四次常务理事会在石家庄召开。

会议邀请河北省住房和城乡建设厅建筑市场监管处二级调研员张延斌和河北省住房和城乡建设厅工程质量安全监管处三级主任科员冯云鹏莅临指导。河北省建筑市场发展研究会第四届理事会会长倪文国，副会长王英、马益福，秘书长穆彩霞出席会议，233 名理事以及部分 2024 河北省工程监理和工程造价咨询行业成果编制单位，首届全国工程监理知识竞赛河北省获奖者，河北省 2024 建设工程质量安全监理知识竞赛团体一等奖代表，个人一等奖获奖者，共 295 人参加会议，监事石琼列席会议。会议由秘书长穆彩霞主持。

会议第一阶段，河北省住房和城乡建设厅建筑市场监管处张延斌二级调研员向大会作精彩致辞。王英副会长传达了河北省住房和城乡建设工作会议精神。

倪文国会长向理事会报告了研究会 2024 年工作情况和 2025 年工作计划。

马益福副会长宣读《成立"河北省建筑市场发展研究会建设工程造价纠纷调解争议评审中心"的议案》。

穆彩霞秘书长宣读《成立"河北省建筑市场发展研究会建设工程质量纠纷诊断鉴定中心"的议案》。

会议表决通过了以上三项议案。

会议第二阶段，由倪文国会长、马益福副会长、穆彩霞秘书长分别宣读《河北省 2024 建设工程质量安全监理知识竞赛获奖名单》《关于表扬首届全国工程监理知识竞赛表现突出单位和个人的通报》《关于发布 2024 河北省工程造价咨询行业成果的通知》《关于发布 2024 河北省工程监理行业成果的通知》。

张延斌二级调研员、冯云鹏三级主任科员，倪文国会长、王英副会长、马益福副会长分别为行业成果编制单位颁发成果证书，为获得监理知识竞赛团体一等奖和个人一等奖的单位和个人颁发荣誉证书。

河北省建筑市场发展研究会第四届五次理事会暨四届四次常务理事会得到河北省住房和城乡建设厅领导的高度重视和大力支持，会议完成了各项会议议程，取得圆满成功。

（河北省建筑市场发展研究会　供稿）

广东省建设监理协会成功举办第二期"三库一平台"系统操作培训

为助力会员单位把握政策延期红利、高效完成工程项目信息录入工作，2025 年 2 月 27 日，协会成功举办第二期"三库一平台"系统操作专题培训，邀请了数字广东网络建设有限公司省住建运营分中心（下称"数广住建运营中心"）运营团队进行培训。活动由协会秘书长黄鸿钦和信息咨询部负责人梁利娟分段主持。活动吸引了来自广州、深圳、佛山、东莞、河源、清远、梅州等地的会员单位代表共 80 余人参加培训。

培训伊始，黄鸿钦秘书长在开场致辞中强调，全国建筑市场监管公共服务平台信息录入是规范行业管理、提升市场透明度的关键举措。他表示，此次培训旨在帮助会员单位充分利用政策延期窗口期，掌握系统操作要点，确保数据填报的规范性和时效性。

本次培训特邀数广住建运营中心运营组专家团队进行专题授课，内容覆盖系统操作全流程，专家团队围绕全省"三库一平台"数据填报现状，业绩补录的核心要求与常见问题进行讲解，通过现场演示和案例剖析，重点解析业绩补录的数据关联、材料完整等内容，为学员们的实务操作提供清晰的指导。

在最后的互动环节，学员们就系统功能、数据处理、办理流程等进行提问。数广住建运营中心三位专员凭借丰富经验和专业知识，给予了细致的解答。

本次培训得到学员们的高度评价。大家纷纷表示，此次培训内容紧扣实际需求，专家讲解细致透彻，尤其是业绩补录的操作演示和材料规范说明，实操性强，对提升企业业绩补录的工作效率有很大帮助。

（广东省建设监理协会　供稿）

工程监理行业成果发布大会（2024）
在北京隆重召开

　　2025 年 2 月 20 日，由中国建设监理协会主办，北京市建设监理协会、上海市建设工程咨询行业协会、河南省建设监理协会、山东省建设监理与咨询协会协办的"工程监理行业成果发布大会（2024）"在北京隆重召开。来自住房城乡建设部领导、中国工程院院士、高校教授学者、中国工程监理大师等行业专家，中国建设监理协会理事，各省、自治区、直辖市工程监理行业协会主要负责人，有关行业专委会、分支机构的主要负责人，首届全国工程监理知识竞赛获奖代表，以及有关新闻媒体近 600 人参加会议，同时，会议通过视频直播在线观看 10 万余人次。大会由中国建设监理协会副会长兼秘书长、中国工程监理大师李明安主持。

　　出席大会的领导和嘉宾有：第十四届全国政协常委、交通运输部原副部长、中国民航总局原局长冯正霖，中国工程院院士、中国工程院工程管理学部主任、原铁道部副部长卢春房，中国工程院院士徐建、彭苏萍、任辉启，住房城乡建设部建筑市场监管司副司长王天祥，住房城乡建设部建筑市场监管司建设咨询监理处处长刘精华，中国建设监理协会会长王早生，副会长兼秘书长、中国工程监理大师李明安，副会长刘伊生、夏冰、张铁明、孙惠民、陈群毓、冉鹏、史俊沛、苗一平、吕所章、付静、尹松、王岩，协会监事长孙成双，中国工程监理大师李伟、杨卫东、龚花强、马俊发、焦长春、张恒、陈洪兵、陆霖等。

　　住房城乡建设部建筑市场监管司副司长王天祥代表住房城乡建设部致辞。他从践行初心使命，提振信心增底气；准确把握新形势，深化改革促发展；加快发展新质生产力，扎实推进高质量发展等三个方面向工程监理行业提出了要求和希望，指出工程监理行业要统一思想、坚定信心、团结一致，主动适应新发展理念，准确把握监理行业改革发展的方向，以创新的思维和举措，深化改革促进行业健康有序发展。

　　中国工程院院士、中国工程院工程管理学部主任、原铁道部副部长卢春房致辞，提出工程监理要加强科技创新，提升核心竞争力；要不断探索进取，提供优质服务，要加强交流与合作，促进行业发展等三点要求和建议，希望每一位监理人都以高度的责任感和使命感为己任，认真履行监理职责，共同推动监理行业再上新台阶。

　　会议第一阶段：举行工程监理行业成果发布仪式，并向各省、自治区、直辖市工程监理行业协会及有关行业专委会代表赠书。

　　会议第二阶段：向首届全国工程监理知识竞赛获奖代表颁发证书、奖牌。

　　会议第三阶段：中国建设监理协会专家委员会常务副主任刘伊生就《中国工程监理行业发展报告（2024）》进行成果汇报；中国工程监理大师李伟、杨卫东分别就《工程监理典型案例集（2024）》建筑工程、市政工程进行成果汇报；中国工程监理大师龚花强就《工程监理业主满意项目（2024）》进行成果汇报。

　　会议第四阶段：北京市建设监理协会李伟就"工程监理合伙制企业与质量保险服务研究"，上海市建设工程咨询行业协会龚花强就"工程监理行业发展改革研究"，山东省建设监理与咨询协会陈文就"建筑工程现场监理数智化实施方案研究"课题研究分别进行了成果汇报。

　　中国建设监理协会王早生会长讲话。他表示，本次成果发布大会不仅是对 2024 年监理行业创新成果的全面展示，更是工程监理行业迈向新高度的里程碑。提出坚持初心，展现监理担当；科技创新，引领行业发展两点希望。

电站超高压煤粉锅炉安装监理要点

杨子云

北京兴电国际工程管理有限公司

摘 要： 电站锅炉作为热电厂的特种设备和热力设备，承担着向汽轮机连续提供过热蒸汽的作用，安装质量十分重要，直接关乎电站的稳定运行和经济效益。本文以某电站工程高温超高压煤粉锅炉安装为例，从监理角度，重点分析超高压电站锅炉安装过程中质量控制要点。

关键词： 电站锅炉；质量监理；控制要点

引言

本文就电站超高压煤粉锅炉，从准备阶段、安装过程、锅炉水压、炉墙施工等全过程进行阐述，对安装过程质量控制进行了分析，包括锅炉构架、锅筒、水冷壁、过热器、省煤器、蒸发器等各个环节，以及锅炉水压、炉墙施工过程的注意事项。希望通过本文的分析，能够为同类锅炉安装和监理项目提供参考，为提高电站锅炉安装质量起到借鉴作用。

一、锅炉简况

本锅炉为四角切向燃烧、单炉膛自然循环汽包炉。锅炉采用Ⅱ型半露天布置、平衡通风、固态排渣、全钢构架悬吊结构，采用管式空预器。

1. 锅炉过热蒸汽主要参数

最大连续蒸发量：220t/h；

额定蒸汽压力：13.8MPa；

额定蒸汽温度：540℃；

给水温度：215℃。

2. 锅炉基本尺寸

炉膛宽度（两侧水冷壁中心线间距离）：8370mm；

炉膛深度（前后水冷壁管中心线间距离）：8370mm；

锅筒中心线标高：37260mm；

锅炉最高点标高（雨棚）：44600mm；

锅炉最大宽度（包括平台）：22720mm；

锅炉构架左右柱中心线间距离：22220mm；

锅炉最大深度（包括平台）：35000mm；

锅炉构架前后柱中心线间距离：33000mm。

二、锅炉安装前准备工作

按照《锅炉安全技术规程》TSG 11—2020、《电力建设施工技术规范 第2部分：锅炉机组》DL 5190.2—2019、《电力建设施工质量验收规程 第2部分：锅炉机组》DL/T 5210.2—2018、锅炉安装说明书、锅炉安装合同梳理并熟悉好锅炉图纸（包括设计更改单）规范、合同等有关技术资料。提前编制锅炉安装监理实施细则，保证监理工作有序开展。

三、安装过程监理要点

（一）锅炉钢架

锅炉钢架有关金属结构在安装前应对立柱、横梁、护板等主要部件的质量进行以下外观检查：部件外表面的锈蚀情况以及有无重皮、裂纹等缺陷；外形尺寸及各零件尺寸、数量是否符合图纸；检查焊接的连接质量，有无弯曲和扭转等；钢结构组件在吊装就位前必须对柱脚基础进行检查，待验收合格后方可吊装。

钢架安装时，就位一件，找正一件，要求施工单位内部检查验收一件，每层钢架安装完报监理验收。各部件的找正内容及顺序，一般应符合下列规定：①立柱柱脚中心对准基础划线中心，可以用柱脚和基础对十字中心线的方法检查；②根据基准标高测量各立柱标高，可以在立柱上预先划出1m标高线进行测量调整；③立柱倾斜度应在两个垂直平面上的上、中、下三点用线锤测量；④相邻立柱间在上、中、下三个位置测量中心距离；⑤各立柱间在上、下两个平面测量相应对角线；⑥根据主柱标高测量各横梁标高及水平；⑦锅炉平台、扶梯应配合钢架的安装进度尽早安装就位，以保持钢架的稳定和施工的安全；⑧在安装好的平台、扶梯、支架等部件上，不得任意切割孔洞，若必须切割时，应事先进行必要加强；⑨钢架找正完毕后，应根据设计图纸将底座固定在基础上。

（二）锅筒

锅筒是重要的厚壁受压元件，除允许在锅筒预焊件上施焊外，其他部位严禁引弧和施焊。锅筒内部装置与锅筒一起装配出厂，安装前应检查内部装置的数量、质量、装配位置是否符合图纸要求，有严密性要求的焊缝必须密封焊，不得有漏焊和裂纹，旋风分离器应固定牢固，必要时可将固定旋风分离器上方法兰端的螺栓点焊固定，连接件安装后应点焊，防止松动。

内部装置安装完毕后，必须将锅筒内清理干净，不得有污垢和其他杂物，以确保蒸汽品质合格。锅筒起吊应平稳缓缓提升，避免晃动和撞击，就位时要严格找正，保证锅筒中心标高正确，误差小于5mm，水平度误差不大于2mm。

（三）水冷壁

水冷壁出厂时，每片管屏上都有编号标记，安装时必须注意，各片的位置及方向不得装错。受热面管屏组合时按产品上标识进行组合，同时，组合后监理验收时，还需核对图纸，是否与图纸一致。下降管由于原材料分段尺寸有变化，现场监理要求按锅炉厂提供的尺寸拼接。

（四）过热器、省煤器及蒸发器

各级受热面的组合工作，应在经过找正和稳固的组合架上进行。应仔细检查所有受热面管表面有无裂纹、碰伤等缺陷，如有缺陷且其深度小于壁厚10%者，须修磨成圆滑过渡，并与制造厂协商后实施。钢管安装对口前应通球检查，钢管和集箱内必须彻底清理干净，不得有杂物和锈皮。钢管对口焊接前必须经过光谱检验，确认是否符合图纸要求。过热器、再热器受热面中虽采用不同牌号钢管，但炉外与集箱管接头在工地的对接均为同种钢焊口。对于带有长管接头的集箱的起吊，不能让长管接头受力，可设法利用集箱的包装装置来起吊，待集箱吊装就位后，再割除包装装置。过热器吊装、焊接完毕，为保证每屏管束横向间距符合图纸要求，按图纸上所示装上定位板（梳型）。各受热面吊装就位后，应仔细核对集箱与锅筒、集箱与集箱相互间的尺寸，检查受热面管与相邻部分之间的膨胀间隙，如高温过热器蛇形管与折烟角之间的距离等应符合图纸要求。各受热面安装完毕后，参照《测点布置图》装设测点。安装省煤器通风梁时要注意保证两端用铁丝网罩住，防止异物进入。整个安装过程中应注意随时调整吊杆装置，使同一构件上的吊杆受力均匀。

安装密封装置时，尤其是过热器、再热器、蒸发器在水冷壁穿管位置，需监督安装顺序。

（五）锅炉管道系统和连接管

管道的安装按《电力建设施工技术规范》DL 5190.5—2019第5部分"管道及系统"的规定执行，在锅炉范围内管道中凡属现场布置的管道及其支吊架一般应符合以下要求：管道应统筹规划，布局合理，走线短捷，不影响通道，有疏水坡度（排污、疏水管道在运行状态下有3°~5°的坡度），能自由热补偿且不应妨碍锅筒、集箱和管系的热膨胀。安全阀排汽管道上的排汽管底部的疏水管应接到安全地点，在疏水管上不允许装设阀门。按照锅炉热膨胀方向，在疏水盘和排汽管之间按图纸安装，应留有足够的间隙，以防排汽管道热应力附加在安全阀上。支吊架布置合理，结构牢固，不影响管系的热膨胀。取样管应采用支吊架固定，特别是距离管接头附近2m左右，以防止管道晃动而损坏管接头。阀门安装应注意介质流向，阀门的传动装置和安装位置应便于操作和检修。根据阀门的电动装置的特性，正确调整行程开关位置，使阀门能关严、开足。根据电动装置技术规定，应完成力矩保护试验，当超过规定力矩时应能可靠动作。

管道焊口的焊接应采用氩弧焊打底工艺。所有锅炉范围内管道在安装时注意不要与其附件的梁或其他构架相焊，以防运行时钢管不能膨胀而被拉坏。所有装设在锅炉上的安全阀，应在锅炉投运以前进行试验性运行，验证安全阀的正常功能，如校正开启压力、回座压差、机械动作是否正常，有没有震颤以及全关时是否泄漏等问题。安全阀的热态调整试验由安全阀公司负责，监理参与验收。

（六）吊杆

顶部吊杆装置上的销轴、螺母等，在安装前必须注意分辨是合金钢还是碳钢材料，严格按图纸要求进行安装，不允许混用或擅自代用。吊杆安装前必须经过外观检查，清除螺纹处的防锈涂层、油漆等。螺纹和焊缝不允许有任何损伤，若有碰毛现象应仔细修磨，并均匀涂上润滑油，以防止安装时螺母咬死。在安装过程中不允许对吊杆受力部位进行焊接和引弧。吊杆安装时由于荷载随着安装进程逐步增加，支承梁承载后挠度发生变化等原因，刚性吊杆的安装调整应在各个安装阶段反复多次进行，做到同一集箱或管道上有多个吊点的吊杆负荷合理分配，防止个别吊杆超载，而个别吊杆完全松动不受力。相同型号的可变弹簧可能要求不同的安装载荷值，因此，安装前必须仔细区分，并按图纸所示"对号入座"，严防出错。可变弹簧吊架在最终调整后应将螺母锁紧。下降管选用的恒力弹簧吊架，在安装时参照《恒力弹簧支吊架》NB/T 47038—2019的规定进行安装。

（七）刚性梁

为了保证锅炉有一个人为的膨胀中心，使炉膛和尾部烟道悬吊部分承担的风荷载、地震作用以及各管道膨胀引起的导向力传递给锅炉构架，在炉膛前后左右水冷壁和尾部烟道前后包墙上设有多层导向装置。导向装置的结构是在刚性梁焊上型钢或钢板制成的挡块，在构架上（与挡块相应的位置）焊接或栓接上另一型钢作为制动块，刚性梁上的挡块与构架上的制动块互相卡住（间隙1~3mm）。锅炉的导向载荷通过导向装置传递给构架。安装时必须按设计图纸及图纸上的附注要求安装。图纸上注有"禁焊"之处，安装时不得在其上进行点焊和焊接，并防止有卡住现象，装后应逐一检查。导向装置的作用是把锅炉的导向荷载传递给构架，并限制水平方向的位移量，保证锅炉有一个人为的膨胀中心，安装时需保证图上注明的间隙值。

安装时如刚性梁附件与钢管焊缝相碰，可对焊缝进行修磨，但不能损坏钢管。同层水平刚性梁的标高偏差不大于5mm。分段出厂的刚性梁在工地应严格按《锅炉钢结构制造技术规范》NB/T 47043—2014 有关规定进行拼焊。

（八）燃烧器安装

燃烧器安装前按图复查喷口大小、喷口垂直度、标高等尺寸，符合要求后才能安装，安装时检查假想切圆及其他尺寸，符合要求后才能对燃烧器与大风箱进行焊接。

（九）其他金属结构件的安装

烟道应按图纸所示进行安装，各段烟道连接处、转角处若有间隙，吊装就位后应用钢板填补并密封焊接。

锅炉密封焊接通常采用微正压室的二次密封形式。一次密封采用金属件结构阻挡高温烟气，二次密封盒采用柔性结构满足目前膨胀的需要。安装时要特别注意安装顺序、焊接顺序，以确保达到图纸要求。在安装密封盒时，要求先在密封盒内按炉墙设计填满物料以后再封盖焊妥。严禁先做好密封盒，再割开浇筑混凝土等做法。

为使锅炉外表整齐、美观和保护炉墙，在锅炉外表面用外护板包覆。外护板为压制成的彩钢波形板，安装时需注意：外护板在运输、堆放时应放置平稳，严禁踏踩、撞击，如有挠曲变形，应校正。在炉墙、保温施工前把固定护板用的金属件按图纸所示位置装焊于膜式壁管间的扁钢上，待炉墙、保温施工完毕再安装外护板。波形板之间采用自攻螺钉连接，波形板与连接件采用抽芯铝铆钉连接。

（十）阀门、仪表、吹灰器等的安装

按照厂家提供的图纸、说明书安装，水位计及安全阀不参与水压试验。

四、锅炉水压试验

水压试验前应将主蒸汽、再热器管道和集中下降管、事故放水管等各管路上的弹簧吊架、阻尼器及炉顶弹簧吊架用插销或定位片予以临时固定，暂当刚性吊架用。水压试验的顺序，应先做再热器系统，后做主蒸汽系统。上水前，水质应化验合格。水压试验应在周围气温高于5℃时进行，低于5℃时必须有防冻措施。水温应高于周围露点温度以防锅炉表面结露，但也不宜过高，以防引起汽化和过大的温度应力，在任何情况下水温应不低于20℃，金属温度不大于50℃。上水速度不应太快，以免造成受热不均。上水速度建议夏季不少于2h，冬季不少于4h。水压试验前必须进行安全检查：①所有外来的材料及工具均应清除；②炉内无人；③压力表均已校准，压力传送管均正确连接，压力表前阀门处于打开位置，推荐的水压试验压力表为锅炉主蒸汽系统量程 0~40MPa，锅炉再热器系统量程 0~8MPa，精度 1.6%，压力表表盘直径不小于 150mm；④所有安全阀阀体必须拆除，装上水压试验用堵头板；⑤设计中未考虑到水压试验压力的其他部件要隔离；⑥所有阀门应调节自如，且正确安装到位。

五、炉墙施工

严格按图和煤粉锅炉炉墙说明书施工，同时还应遵照《电力建设施工及验收技术规范》和《锅炉炉墙施工工艺导则》等国家和部门的各项规定。注意以下几点：留出足够膨胀缝，待炉墙施工完毕后，必须对每条膨胀缝进行一次清扫，以保证膨胀缝内无垃圾、杂物等；膨胀缝上下端、左右侧必须垂直、水平、膨胀缝尺寸准确，注意施工顺序，有的需在锅炉密封前提前施工。

超高层建筑主体结构施工模架体系优选

刘 莉

北京远达国际工程管理咨询有限公司

摘 要：超高层建筑结构规模庞大、系统复杂、功能繁多、建设标准高，结构体系一般采用核心筒＋型钢混凝土框架——筒体结构体系。核心筒的施工速度决定了整个结构的施工速度。模架体系的选择是施工技术研究的重要内容，在若干模架体系中进行认真分析比较，科学合理地选出适宜的模架体系，使建筑建造过程更加规范化、科学化。本文以北京市朝阳区 CBD 核心区 Z15 地块项目为例，通过对项目特点深入研究，有针对性地对众多模架体系进行分析，结合各建设目标最终确定优选方案。

关键词：超高层建筑；主体结构施工；模架体系

一、工程概况

（一）建筑概况

项目建筑高度约 528m，地下 7 层，地上 108 层，地上总建筑面积 35 万 m^2，地下建筑面积约 8.7 万 m^2。塔楼外形以中国古代用来盛酒的器具"樽"为意象，平面为方形，底部尺寸约为 78m×78m，在大楼的中上部平面尺寸略微收进，尺寸为 54m×54m，向上到顶部又略微放大，但顶部尺寸小于底部尺寸，约为 69m×69m（图 1）。

（二）结构概况

主塔楼为筒中筒结构，内外筒共同构成多道设防的抗侧力结构体系。内部核心筒采用内含钢骨（钢板）的型钢混凝土剪力墙结构。外框筒由巨型柱、巨型斜撑、转换桁架以及次框架组成巨型框架筒体结构。

核心筒从承台面向上延伸至大厦顶层，贯穿建筑物全高，核心筒共 108 层（不含夹层），最大高度为 527.7m，核心筒平面形状基本呈正方形，面积向上逐渐缩小至顶部呈带四个倒角的多边形，底部尺寸约为 39m×39m。核心筒竖向结构由内置型钢柱、钢板剪力墙组成钢筋混凝土结构，核心筒内水平结构由钢梁＋钢筋桁架组合楼板＋钢楼梯组成。核心筒周边墙体厚度由 1200mm 从下至上逐步均匀收进至顶部 400mm；筒内主要墙体厚度则由 500mm 逐渐内收至 400mm。

二、核心筒结构设计特点

1. 核心筒单层面积最大为 1563m^2，核心筒剪力墙钢筋、模板、混凝土、机电预留、钢结构等各工序穿插进行，单层施工工序繁多，施工体量大。

2. 核心筒内墙体分段多、截面变化

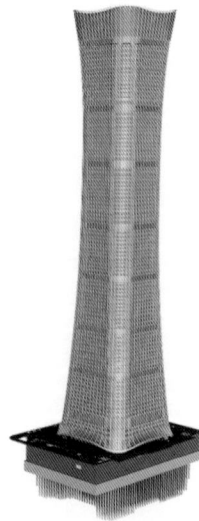

图1 项目外观示意图

多、连续性差；核心筒剪力墙外墙厚度由底层1200mm分次分阶段依次按照100mm、100mm、100mm、100mm、100mm、100mm、100mm、100mm到顶层墙体内收至400mm，累计收缩800mm。

3. 核心筒内钢构件种类多、体量大，主要包括劲性柱、钢板墙、钢梁、钢斜撑、钢楼梯等。施工中剪力墙钢构件吊装影响区域多，构件较大，对核心筒模架体系设计和施工要求高。

4. 核心筒层高高、变化多。标准层层高为4.5m，部分非标准层层高为5m、4.9m、10.15m、3.45m、5.15m、20m、4.5m、3.5m等。

三、超高层建筑主体结构施工模架体系

超高层主体结构施工中通常采用液压爬模系统、液压提模系统、智能整体顶升钢平台三种模架体系。大多数情况下，这三种模架体系都能够实现主体结构的施工，但不同的模架体系的不同工艺特点会导致项目建设目标完成的情况有所不同。在模架体系选型过程中，需深入了解各种模架体系特点，并结合项目自身建设要求，综合分析评判。

（一）液压爬模系统

液压爬升机构通过附墙装置依附在已完成的竖向结构上，利用液压千斤顶实现导轨沿附墙装置的爬升之后，架体沿导轨向上爬升，进而完成整个系统的爬升。这种系统利用导轨与架体相互运动的功能，以及液压千斤顶对导轨和架体交替爬升来实现整个系统的整体爬升。

（二）液压提模系统

以固定于主体结构上的支撑系统为依托，利用提升动力系统将悬挂的整体钢平台系统反复提升，实现整个系统随结构施工而逐层上升。

（三）智能整体顶升钢平台系统

在核心筒竖向墙体埋设预埋件形成附墙支座，安装支撑架，利用液压顶升油缸和支撑立柱，将上部整体钢平台向上顶升，带动所有模板与操作挂架上升，完成核心筒竖向混凝土结构的施工。

四、Z15地块项目智能顶升钢平台系统

（一）模架体系的优选

模架系统的优选需要在充分掌握项目核心筒结构设计特点的基础上，深入研究核心筒的施工重难点。

1. 施工工期短，仅65个月，比同类工程缩短12~36个月，需要模架体系具有较快的施工及爬升速度。

2. 材料、人员等运输压力大，对塔式起重机依赖性高，垂直运输的能力、材料周转效率决定了工程的施工速度。在模架体系选择时需具有较大的承载能力和堆载空间。

3. 核心筒墙体收缩变化较多。模架体系选择时需考虑外侧挂架、模板可垂直于墙体方向滑移，当核心筒外墙内收时，挂架、模板紧随其滑移，保证挂架、模板与墙体间的距离保持不变，以保证施工安全需求。核心筒从F018层开始外围剪力墙收缩，模架体系需在F018层开始局部拆改，保证其正常运转。

4. 核心筒内分布大量钢梁、钢楼梯。核心筒钢梁、钢楼梯吊装就位时，空间位置与模架体系模板及挂架系统相

冲突。受到模板及挂架影响，核心筒钢梁、钢楼梯无法直接就位至安装位置。因此，需在模架体系底部安装吊吊系统和卷扬机，完成钢构件的安装就位。

5. 大型塔式起重机与模架体系相互协调难度大。模架体系布置需预留塔式起重机正常运行所需的操作空间；考虑塔式起重机爬升与模架体系的爬升规划相协调，满足塔式起重机的自由高度要求，同时增强模架体系上附着塔式起重机的强度与稳定性。

6. 模架体系与钢结构的协调配合要求高。模架体系的布置需要为劲性钢柱、大截面钢梁等劲性构件的吊装留出足够的空间，避免与钢结构施工发生冲突，方便吊运。

7. 模架体系的安全与质量要求高。模架体系需满足北京地区超高层施工较大水平风荷载的要求，并在满足结构使用要求的同时，满足施工过程中高空改装作业的安全性和可操作性。

综上所述，根据该Z15地块项目核心筒结构的设计特点、施工重难点以及对模架体系的性能要求，结合项目质量、安全、进度、成本等各项建设目标，综合考虑适用性、经济性、安全性、高效性等多个方面，最终采用安全性高、顶升速度快、整体性好、承载力大、机械化程度高等的智能顶升钢平台系统。

（二）智能顶升钢平台系统的组成

智能顶升钢平台系统主要包括钢框架系统、支撑与顶升系统、挂架系统、模板系统和附属设施系统。核心筒施工时，作业人员利用钢平台及下挂架作为作业面吊焊钢构件、绑扎钢筋、支设模板、浇筑混凝土。智能顶升钢平台整体随着核心筒施工高度的增加，利用支撑与顶升系统不断向上爬升，完成上部混

凝土墙体的施工作业。

钢框架系统即顶升钢平台，包括钢结构立柱和由主、次桁架交错布置形成的钢平台桁架，构成整个智能顶升钢平台受力骨架。附属设施系统包括平台板、防护栏杆、外立面防护及相关辅助设施，智能顶升钢平台运行时，模板及附属设施系统依托刚性框架主、次桁架附着在架体上，钢框架系统随同智能顶升钢平台同步提升。支撑与顶升系统支撑在核心筒剪力墙上，支点由承力件及其背板、上支撑架和下支撑架及位于上、下支撑架之间的顶升油缸构成。智能顶升钢平台运行时，智能顶升钢平台整体荷载通过上、下支撑架利用挂爪咬合承力件传至混凝土墙体。模板及附属设施系统包含模板、挂架及防护等设施，满足纵向智能顶升钢平台施工、安全及防护构造。

（三）智能顶升钢平台系统的设计

1. 平立面及功能设计

智能顶升钢平台系统顶部钢平台主要作为临时堆载区域，面积达 1800m²，上设顶升操作室、混凝土布料机、钢筋临时堆场、施工机具堆场等，同时还设有供核心筒施工人员作业、休息、控制施工平台运行的设施及场地（如移动厕所、供热设施、消防水箱、垃圾箱等）。

智能顶升钢平台系统竖向功能分区主要包括钢筋绑扎层、混凝土浇筑层、混凝土养护层以及混凝土承力件操作层等几个分层。钢框架主、次桁架下挂 8 步操作架，跨越 4.5 个结构层，由上至下为 2.5 个结构层作为钢筋绑扎、钢板墙吊装及钢筋预留，1 个混凝土浇筑结构层，1 个混凝土养护层，以待混凝土强度达到承载要求供支撑架使用。承力件操作区跨越 3 个结构层，其中上、下支撑架各占 1 个结构层，下部结构层

主要用于混凝土承力件的周转操作。

2. 支撑与顶升系统定位及设计

综合考虑核心筒墙体内收、重型设备布置、劲性钢构件吊装空间的需要，工程将智能顶升钢平台支撑点设置在核心筒未内收的一侧，共设置 12 个支撑点，承载力最高达 4800t。在智能顶升钢平台顶部将支点位置用主桁架连接起来形成平台主受力骨架，同时在墙体两侧设置部分次桁架，最终形成智能顶升钢平台平面布置。

工程智能顶升钢平台核心筒施工区域包括 4.5 个层高，由上至下为钢板墙吊装、钢筋绑扎占据 2.5 个层高，混凝土浇筑 1 个层高，混凝土养护 1 个层高。智能顶升钢平台支撑与顶升区域包括 3 个层高，为此智能顶升钢平台高度跨越 7.5 个标准层，标准层高为 4.5m，另钢桁架层高为 2.6m，模架高度为 36.35m。

3. 钢框架系统设计

钢框架系统由主桁架、次桁架、钢立柱等组成。钢框架系统构件主要由型钢构成，其顶部平台主要作为核心筒施工的堆场，其下部悬挂挂架作为核心筒施工时作业面和通道使用。钢框架系统设计时除了满足强度、刚度要求外，还应充分考虑劲性构件吊装、墙体内收、特殊楼层施工的需求。

（四）智能顶升钢平台系统的提升、改进及创新

1. 塔机平台一体化

为提高施工速度，减少塔式起重机的爬升次数，该项目创新性地将两台 M900D 大型塔式起重机（约 600t）同平台一体化结合，实现塔机平台一体化，使塔式起重机同平台顶升同步爬升，同步顶升 110 次，大大节约塔式起重机自行爬升的时间，提高塔式起重机的利用

效率，节约工期 56 天。

2. 核心筒智能化吊装系统

为解决核心筒内部大量钢梁、钢楼梯等钢构件的吊装工作，该项目创造性地采用了核心筒智能化吊装系统，创新性地将硬质防护与起重机两个独立的系统结合到一起，解决了筒内吊装和安全防护两大施工难题。

核心筒智能吊装设备系统由硬质防护、起重机系统、提升系统、防坠装置、控制系统等部分组成。硬质防护作为整个体系的承力结构支撑于核心筒墙体上，起重机系统悬挂于硬质防护下部。系统的提升采用与设置于硬质防护下层的卷扬机同步提升，每次提升 5 个楼层的高度，最大提升高度为 24.5m。

五、智能顶升钢平台系统应用的几点体会

（一）智能顶升钢平台系统的工艺特点

1. 整体性较好

智能顶升钢平台系统形成一个封闭、通畅、安全的整体作业空间，模板、挂架、钢平台整体顶升，文明施工、形象好，且整体性强、抗侧刚度高。

2. 承载能力大

支撑系统支撑点低、承载力高，顶升系统采用大吨位液压油缸，系统整体的承载能力大。

3. 顶升速度快

顶升系统采用大行程、大吨位、双作用液压油缸，一次可顶升一个楼层，顶升过程快速且平稳，有利于缩短工期。

4. 机械化程度高

支撑与顶升系统合二为一，实现周转重复利用和支撑与顶升系统的自动爬

升、全程电脑控制，多油缸同步顶升，机械化程度高，减少人为作业失误，用工量少。

5. 交叉流水作业

液压顶升钢平台系统竖向跨越 4.5 个结构层，在顶部钢平台与混凝土浇筑面之间存在一层钢筋绑扎层，模板与钢筋工程作业面分离，方便混凝土浇筑完毕后立即进行钢筋绑扎，可以交叉流水作业，工期明显缩短。

6. 塔机与平台一体化

液压顶升钢平台系统承载能力大，可将塔式起重机附着在系统中，随着钢平台体系同步提升，减少塔式起重机爬升次数，缩短工期，提高施工工效。

7. 自重大造价高

液压顶升钢平台系统需根据项目特点进行专项设计并提前预制加工，系统整体用钢量大、自重较大，材料设备一次投入大，施工成本较高。

（二）智能顶升钢平台系统的应用对项目建设影响

1. 提高施工效率

智能顶升钢平台采用自动化和智能化技术，可以快速、准确地完成顶升作业，顶升过程快速且平稳。同时，智能顶升钢平台还可以节省大量的时间和人力资源，并利用竖向不同功能分区，形成交叉流水作业，大大提高了施工效率，缩短了项目建造周期。

2. 提升施工质量

智能顶升钢平台通过精确的控制系统，可以实现更加精准的顶升操作，减少了人为因素对施工质量的影响。全专业集成，钢筋堆场、物料库房、配电室、控制室、施工电梯、混凝土布料机、泵站等全部在顶部平台上，满足超高层集约化施工要求，更好地控制施工质量。

3. 增强施工安全

智能顶升钢平台系统始终附着在结构墙体上，能够抵御较大风力作用，其整体性强、侧向刚度高，同时整个系统可以形成一个封闭、通畅、安全的作业空间，减少工人在高空作业的时间和频率，降低了高空作业带来的风险。此外，智能化的控制系统可以监测和预警潜在的安全问题，提高施工的安全性。

4. 提高管理效率

智能顶升平台可以实现远程控制，管理人员可以通过互联网或移动设备对顶升过程进行实时监控，提高了管理的便利性、灵活性和高效性。

5. 平台使用成本较高，综合施工成本低

智能顶升钢平台的投资成本虽高，但对于大多数 400m 以上超高层建筑可以通过提高施工效率和质量，从而降低施工成本。同时，智能化的控制系统可以减少潜在的风险和事故造成的额外成本。

结语

综上所述，模架体系的选型和设计在超高层建筑主体结构施工中占有十分重要的地位，其选择需要根据项目自身建造特点并综合考虑经济性、安全性、适用性等各方面因素，作出综合分析研判。适宜的模架体系可以在一定程度上提高施工人员的安全，降低建筑的建造成本，提高建筑的建造质量，加快建筑的建造速度，优化工程建设效益。

长赣铁路黄花机场站东隧道施工测量监理控制要点

刘雨帆

北京赛瑞斯国际工程咨询有限公司

摘　要：新建长沙至赣州铁路黄花机场段先期实施工程机场东隧道 DK54+656.43~DK55+330 段位于长沙市长沙县黄花镇黄花机场改扩建工程范围内，东西向设置于黄花机场 T3 站的下方。最大埋深约 37.40m，为深埋隧道。本文以机场东隧道工程为例，介绍了隧道施工测量的主要步骤，以及在施工过程中监理对测量工作的管控要点。

关键词：隧道施工；测量；监理；控制要点

引言

隧道是穿越山脉、河流、城市中心或其他地理障碍的重要手段，对构建高效、安全的交通网络至关重要。而测量工作作为施工的"眼睛"，它的重要性主要体现在以下几个方面：一是精确导向，施工测量为隧道开挖提供精确的导向，确保挖掘按照设计轴线和断面尺寸进行，避免偏离设计轨迹，这是隧道能否顺利贯通的基础。二是控制超、欠挖，通过对开挖面的精准测量和监控，可以有效控制超挖和欠挖现象，减少不必要的岩石开挖，节约成本，同时避免因欠挖导致的二次开挖，提高工作效率。三是安全监控，测量工作还包括对隧道围岩稳定性及支护结构的监控量测，如拱顶下沉、周边收敛等，这些数据对及时发现安全隐患、预防坍塌事故至关重要，以确保施工人员安全。因此，测量工作是隧道开挖中不可忽视的关键环节，它直接影响到整个工程的成败，以及成本控制、施工周期、环境保护等多个方面，是确保隧道建设项目顺利进行的核心要素之一。

一、工程概况

机场东隧道位于长沙市长沙县黄花镇境内，隧道穿越剥蚀低丘区和丘间谷地区，地势低伏，同步实施段隧道起点里程为 DK54+656.43，终点里程为 DK55+330，全长 673.57m，洞内设单面上坡，其隧址区最高海拔约 71.04m，最大埋深 37.40m。

二、隧道施工测量的基本原则

1. 从整体到局部：先建立控制网，从地表到洞门后，再进行隧道内部测量。

2. 步步校核：每一步测量均需相互校验，确保数据准确性。

3. 精度控制：根据工程要求设定合适的测量精度标准。

4. 安全第一：在复杂地质条件下，确保测量人员与设备安全。

三、监理各阶段控制要点

（一）施测前监理工作控制要点

1. 设计交桩

工程设计交桩是指在工程项目施工准备阶段，由设计单位根据已批准的施工图设计，将工程区域内的控制点、轴线点、标高点等重要的测量标志移交给施工单位的过程。具体来说，工程设计交桩主要包括以下几个步骤：

（1）设计单位准备：设计单位根据施工图纸和相关规范要求，计算并确定工程区域内的控制网、主轴线、基准点等关键坐标和高程数据。

（2）现场踏勘与复核：监理单位与施工单位共同到现场进行踏勘，确认设计标桩的位置是否可行，有无妨碍施工的因素，并对设计数据进行必要的现场复核。

（3）设置桩点：根据复核无误的设计数据，设计单位或专业测量人员会在施工现场设置永久性或临时性的桩点，这些桩点包括但不限于控制桩、轴线桩、角桩、中线桩、标高桩等，作为施工放线的依据。

（4）技术交底：在桩点设置完成后，设计单位会组织施工单位进行技术交底会议，详细说明各桩点的意义、位置、测量方法及精度要求，确保施工单位完全理解并掌握施工放样的基础信息。

（5）书面文件交接：除了现场的实物交桩外，设计单位还会向施工单位提供详细的测量成果报告、桩点布置图、技术规格书等书面资料，作为施工管理和质量控制的依据。

（6）验收确认：施工单位在接手桩点后，需自行复核桩点的准确性和完整性，并与设计单位共同完成验收确认手续，确保所有交桩工作满足施工需求。

2. 测量方案的审查

在控制网施工测量前，要求施工单位编制控制网测量方案，审查内容包括编制依据、拟投入人员的资格证书、设备的标定证书、规划的高程控制网线路图、平面控制网线路图、控制点保护措施、复测频率等内容。

（二）施工过程中监理工作控制要点

1. 地表控制点的埋设

施工测量控制点的埋设需要遵循一系列原则以确保测量的精确性、稳定性

和长期可用性，具体原则如下：

（1）稳定性原则。控制点应选择在稳固的地基上，并远离施工影响区域，确保点位的长期稳定。

（2）通视性原则。控制点应具有良好的视野，确保从该点可以清晰地观测到其他控制点，便于进行角度和距离的测量。在隧道施工中，洞外控制点需考虑与洞内视线的连通性。

（3）分布均匀原则。控制点应均匀分布在测量区域内，形成合理的控制网布局，既满足施工放样的需求，也能保证测量结果的可靠性和精度。

（4）易于访问与标识。控制点应便于测量人员到达和识别，通常会在点位上设置明显的标志物（如混凝土标石、金属标杆等），并详细记录点位坐标、高程等信息。

（5）专业标准遵循。遵循相关的行业标准和规范，例如 CP Ⅲ 控制点的埋设应符合铁路或其他交通建设项目特定的标准要求。

（6）安全考量。在高速公路、铁路旁或城市施工环境中，控制点的设置还需考虑施工安全和公众安全，避免对交通或行人造成妨碍。

（7）技术适应性。根据所采用的测量技术（如 GPS、全站仪、水准测量等）选择合适的点位和埋设方式，确保测量仪器的有效使用。

2. 地表控制网的测设

根据规范要求，在隧道施工前根据设计单位的交桩资料对整条隧道进行贯通测量（CPⅠ、CPⅡ），后从控制点往施工区域布置导线以及高程测量。在导线以及高程测量过程中要求施工单位严格根据测量方案的要求开展测量工作，在测量过程中应检查所使用测量仪器以及

施测人员是否与审批合格方案内报审的人员设备一致，并抽查原始测量数据，保证测量数据的真实性。

3. 洞门控制网的测设

隧道洞门控制网的测设是隧道施工测量的关键环节之一，其主要目的是为隧道洞门开挖及后续施工提供精确的平面和高程基准。以下是隧道洞门控制网测设的一些要求。

（1）控制点选取与埋设

选择洞口附近稳定、易于长期保存的地点作为控制点位置，避开易受水流、风化或人为活动影响的地方。

埋设永久性的测量标志，如混凝土标石，确保其稳固并有明确的标识和编号，同时记录详细的坐标和高程数据。

（2）洞外控制网的布设规定

①洞外平面控制网应沿两洞洞口连线方向布设成多边形组合图形，构成闭合检核条件。

②控制点应布设在视野开阔、通视良好、土质坚实、不易破坏的地方。

③视线应离开旁遮障碍物 1m 以上。

④隧道进、出口的中线控制桩或 CPⅠ、CPⅡ 应纳入隧道控制网。

（3）洞口控制点布设规定

①每个洞口平面控制点布设不应少于 3 个，水准点不少于 2 个。

②用于洞内传递方向的洞外联系边不宜小于 500m。

③洞口平面控制点应便于向洞内引测导线。

④ GPS 控制网进洞联系边最大俯仰角不宜大于 5°，导线网、三角形网不宜大于 15°。

⑤洞口 GPS 控制点应方便用常规测量方法检测、加密、恢复和向洞内引测。洞口子网各控制点间应尽量通视。

⑥洞口附近的水准点宜与隧道洞口等高，两水准点间高差以水准测量1~2站即可联测为宜。

4.洞内测量

洞内平面控制测量应采用导线控制测量方法进行。洞内控制导线应从测量设计确定的洞外联系边引入，洞内、外平面控制网宜以长边连接。

（1）洞内导线的布设应符合下列规定：

①导线边长应根据测量设计确定。

②导线点应布设在施工干扰小、稳固可靠、便于设站的地方，并做好明显标记，点间视线应旁离洞内设施0.2m以上。

③洞内导线应布设成多边形闭合环，每个环由4~6条边构成。长隧道宜布设成交叉双导线形式，以增加网的内部检核条件，提高网的可靠性。导线测量前，应对原控制点进行检测。

（2）导线水平角观测应符合下列规定：

①洞口站测角工作宜在夜晚或阴天进行。

②洞内测量前应先将仪器开箱放置20min左右，让仪器与洞内温度基本一致。

③目标应有足够亮度，受光均匀柔和，避免光线从旁侧照射目标。

④完成规定测回数一半后，仪器和反射镜应转动180°重新对中、整平，再观测剩余测回数。

（3）洞内导线平差计算应符合下列规定：

①初次洞内导线测量的起算坐标和方位角应采用测量设计时确定的进洞联系边测量成果。

②洞内导线引申测量的起算坐标和方位角应采用经检测合格的前一期洞内导线测量成果。

③洞内四级及以上导线平差应采用严密平差，一级导线可采用近似平差。

④完成洞内导线测量后，应计算开挖面附近临时中线点的放样成果并实地放设，及时纠正施工中线。

5.施工测量控制

（1）洞内施工中线测设应符合下列规定：

①采用导线测设中线点，一次测设不应少于3个，并相互检核。

②采用独立中线测设中线点，直线上应采用正倒镜延伸直线法；曲线上宜采用偏角法测设。

③衬砌用的临时中线点宜每10m加密一点。直线上应用正倒镜压点或延伸；曲线上可用偏角法测设。

④全断面开挖的施工中线可先用激光导向，后用全站仪、光电测距仪测定。

⑤采用上下断面施工时，上半断面每延伸90~120m时应与下半断面的中线点联测，检查校正上半断面中线。

（2）洞内中线点应埋设混凝土桩，严禁包埋木板、铁板和在混凝土上钻眼。设在顶板上的临时点可灌入拱部混凝土中或打入坚固岩石的钎眼内。

（3）当曲线隧道设有导坑时，可根据隧道中线和导坑的横移距离，按一定密度计算导坑中线的坐标，放设导坑中线，指导导坑开挖。

（4）洞内高程测量应符合下列规定：

①洞内高程测量应根据洞内高程控制点引测加密，加密点可与永久中线点共桩。

②采用光电测距三角高程测量施工高程时，宜变换反射器高度测量两次或

利用加密点作转点闭合到已知高程点上。

（5）洞内开挖测量应按下列要求进行：

①每次开挖前，应在开挖断面上标示隧道中线、轨顶高程线和开挖断面轮廓线。

②已开挖段，应及时测量开挖断面，绘制开挖断面图，开挖断面的测量间距不宜大于20m。

③断面测量可采用自动断面仪法、全站仪极坐标法、断面支距法等。

④当采用支距法测量断面时，应按中线和外拱顶高程从上到下每0.5m（拱部和曲墙）和1.0m（直墙）间隔分别测量中线左右侧相应高程处的支距，并应考虑曲线隧道的中线内移值、设计加宽值、施工误差预留值。

⑤仰拱断面测量，应从隧道中线向两侧边墙按0.5m间隔测量设计轨顶线至开挖仰拱底的高差。

⑥衬砌测量应按下列要求进行：

立模前应利用洞内控制点检查永久中线点或临时中线点位置及高程。检测与原测成果相差不应大于5mm。

检测合格后，在立模范围内放设不少于3个中线点及其横断面十字线方向，同时在断面上标定出拱架顶、起拱线和边墙底的高程位置。

立模后应检查校正模板。

6.资料的管理

在实地测量工作完成后，资料的收集整理也是监理工作的一项重要环节。测量资料要求施工单位根据实测情况进行编制，在审核过程中，应根据自身在现场实测过程中记录的数据与施工单位报审资料中的数据进行对比，确保资料的真实性，为以后的检查提供依据。隧道施工测量资料应按时间、里程、部位进行归档，并建

立相关测量台账，方便查找。

7. 施工过程中发现的问题及处理措施

（1）问题描述：在一次拱架安装验收中发现一部位拱架安装侵限，出现欠挖现象，当即要求现场施工人员查明原因，并立即整改。

（2）发生原因：拱架的安装要求前一榀与后一榀拱架在同一水平线或者在设计的坡度上，前一榀拱架标高确定后，往掌子面放样时因现场台车阻挡视线，导致全站仪无法直接找准目标，确定位置。于是测量人员在设计点位上方20cm位置定好一点，再配合卷尺垂直往下拉尺确定位置。但因拱架轮廓线为弧形，垂直往下必定会导致拱架内缩，导致该部位出现欠挖，致使二衬厚度不足，影响施工质量。

（3）问题措施：在后续的工作中，要求施工单位在报验前先自行对拱架安装进行复测，形成报验资料，监理人员针对复测资料进行检查验收。在制度落实后，拱架的安装验收中再未出现返工现象。

结语

隧道施工测量是隧道施工过程中的一项重要工作，在施工过程中实时检查隧道的开挖前进方向，控制超挖、欠挖，也能在很大程度上控制施工成本。在施工过程中监理应全程进行检查，严格遵守设计文件以及规范要求进行验收，确保各层施工厚度。本文以公司监理的长赣铁路先期实施工程黄花机场站东隧道施工测量为例，总结监理过程经验，为后续隧道测量监理管控提供借鉴。

参考文献

[1] 中华人民共和国铁道部. 高速铁路测量规范（2024年局部修订）: TB 10601—2009[S]. 北京: 中国铁道出版社, 2009.

[2] 中华人民共和国住房和城乡建设部. 工程测量标准: GB 50026—2020[S]. 北京: 中国计划出版社, 2021.

浅谈 ALC 板材施工安装的监理工作控制要点

孙亮富[1] 李 松[2] 何栋亮[3] 李德兵[3]

1 浦东新区教育局工程管理事务中心；2 上海沪港建设咨询有限公司；3 上海恒基建设工程项目管理有限公司

摘 要：本文对 ALC 板材施工安装中的常见问题进行分析和讨论，主要包括 ALC 板的概念、ALC 板产品龄期、构造柱的设置、过梁的设置、接缝处理、成品保护等 10 项内容，可供有关施工和施工监理等专业人员参考。

关键词：ALC 施工安装；监理；控制要点

引言

ALC 板材的使用已有多年，《建筑轻质条板隔墙技术规程》JGJ/T 157—2014 颁布实施也有十年多，近年来伴随各地对装配率的指标要求，ALC 墙板受到广大设计、施工人员的广泛关注，对我国装配式混凝土结构推广和实施起到了重要的作用。本文记录整理了某实施工程在监理工作过程中的一些典型问题，并进行了分析和讨论，希望对读者有所裨益。

一、ALC 板的概念

ALC 板是蒸压轻质混凝土隔墙板（Autoclaved Lightweight Concrete）的简称，是高性能蒸压加气混凝土板材的一种。

ALC 板是以粉煤灰（或石英砂）水泥、石灰等为主要原料，经过高压蒸汽养护而成的多气孔混凝土成型板材，因其质地疏松多孔而具有良好的保温和隔声性能；且其内含经过处理的增强钢筋，又具有相对较好的强度和刚度，能保证其在运输与安装过程中的完好性。

该材料不仅具有良好的保温性能，也具有极佳的隔热性能，当采用合理的厚度时，不仅可以用于对保温要求高的寒冷地区，也可用于对隔热要求高的夏热冬冷地区或夏热冬暖地区，满足节能标准的要求；该材料是一种由大量均匀的、互不连通的微小气孔组成的多孔材料，具有很好的隔声性能；该材料是一种不燃的无机材料，具有很好的耐火性能；该材料无放射性，无有害气体逸出，是一种绿色环保材料。

ALC 板材生产工业化、标准化，安装产业化，可锯、切、刨、钻，施工干作业，速度快；ALC 板材有完善的应用配套体系，配有专用连接件、勾缝剂、修补粉、界面剂，表面质量好、不开裂；本材料因为采用干法施工，板面不存在空鼓裂纹现象。

二、ALC 板产品龄期

《建筑隔墙用轻质条板通用技术要求》JG/T 169—2016 第 9.3.3 条规定：条板产品成型后，在工厂内存放时间不宜少于 28 天，贮存期不宜超过 12 个月。

规范规定蒸压加气混凝土制品的存放时间不宜少于 28 天，是参照普通混凝土的养护天数而制定的。28 天的养护期对于普通混凝土是必需的，否则混凝土将达不到应有的性能；而蒸压加气混凝土则是经过高温高压蒸汽养护，制品水化反应比较彻底，强度通常是达标的；保证适当的存放天数，主要是为了降低制品的含水率，以降低其干缩值，亦有利于制品的保温性能。

三、ALC 板进场验收

条板和配套材料进场时，应进行验收，并应提供产品合格证和有效检验报告；条板和配套材料的进场验收记录和检验报告应归入工程档案；不合格的条板和配套材料不得进入施工现场。外观检查时除不得有裂缝、气泡、缺棱掉角，还应特别注意检查两侧凹凸槽质量，需符合《建筑轻质条板隔墙技术规程》JGJ/T 157—2014 第 3.2.4 条："对于两侧为凹凸榫槽的条板，凹凸榫槽不得有缺损，对接应吻合。"

四、施工准备

ALC 板墙施工作业前，施工现场杂物应清理干净，先清理基层，对需要处理的光滑地面进行凿毛处理；然后按安装排板图放线，标出每块条板安装位置、门窗洞口位置，放线应清晰，位置应准确，并应经检查无误后再进行下道工序施工。

条板和配套材料应按不同种类、规格分别在相应的安装区域堆放，条板下部应放置垫木，现场存放的条板不得被水冲淋和浸湿，不得被其他物料污染；条板露天堆放时，应做好防雨雪、防暴晒措施。

现场配制的嵌缝材料、黏结材料，以及开洞后填实补强的专用砂浆应配有使用说明书，并应提供检测报告；黏结材料应按设计要求和说明书配置和使用。

钢卡、铆钉等安装辅助材料进场时，应提供产品合格证，配套安装工具、机具应能正常使用；安装使用的材料、工具应分类管理，并应备好需要的数量。

对于有防潮、防水要求的房间，应先做好配筋混凝土导墙。

五、构造柱的设置

《建筑轻质条板隔墙技术规程》第4.3.2 条规定，条板隔墙安装长度超过6m 时，应设置构造柱。

构造柱是为了增强建筑墙体的整体性和稳定性而设置的，尤其是在墙体较长或存在较大洞口的情况下。通常遵循以下要求和建议：

1. 墙体长度超过一定限值时，如ALC 板墙的长度超过 6m 时，在墙长中部（遇有洞口在洞口边）设置构造柱，以增强墙体的稳定性。

2. 墙板拼接尺寸较小时，如果 ALC墙板的拼接尺寸较小，通常墙板尺寸不大于 200mm 时，板墙的整体性与稳定性可能会减弱。在这种情况下，建议优化排板尺寸，不宜出现尺寸较小的板型。如果无法优化排板，则在这些位置应设置构造柱。

3. 在门窗洞口边墙垛尺寸较小，或门洞边墙垛平面外缺乏可靠支点处，应设置构造柱。此外，入户门位置也建议设置构造柱，因为入户门重量较大，开关时会产生较大动荷载，容易导致门框周边墙板拼接缝位置开裂。

4. 在 ALC 墙板与砌块交接处、ALC墙板在"十字形"以及"八字形"等异形节点处，也需要考虑设置构造柱，以加强这些部位的稳定性。

ALC 板材本身配置了钢筋，墙体的刚度与整体性较好，板材竖向尺寸较大通常贯通整个楼层且板侧边与构造柱镶接处原本设置有凹凸槽，可以与构造柱混凝土很好地连接，因此一般是不需要

设置马牙槎的。

六、过梁的设置

《蒸压加气混凝土制品应用技术标准》JGJ/T 17—2020 第 8.7.5 条规定："门窗洞口过梁应采用条形板材横向安装的方式，过梁板进入支座长度不应小于200mm。"

对于 ALC 板，应采用配有钢筋的过梁板或采取其他加固措施，门框板、窗框板与门、窗框的接缝处应采取密封、隔声、防裂等措施。

七、施工安装

条板隔墙安装应符合下列规定：

1. 应按排板图在地面及顶棚板面上放线，条板应从主体墙柱的一端向另一端按顺序安装，当有门洞口时，宜从洞口向两侧安装。

2. 应先安装定位板，可在条板的企口处、板的顶面均匀满刮黏结材料，空心条板的上端宜局部封孔，上下对准定位线立板；条板下端距地面的预留安装间隙宜保持在 30~60mm，并可根据需要调整。

3. 可在条板下部打入木楔，并应楔紧，且木楔的位置应选择在条板的实心肋处；应利用木楔调整位置，两个木楔为一组，使条板就位，可将板垂直向上挤压，顶紧梁、板底部，调整好板的垂直度后再固定。木楔可在立板养护 3 天后取出，并应填实楔孔。

4. 应按顺序安装条板，将板榫槽对准榫头拼接，条板与条板之间应紧密连接；应调整好垂直度和相邻板面的平整度，并应待条板的垂直度、平整度检验

合格后，再安装下一块条板。

5. 应按排板图在条板与顶板、结构梁、主体、柱的连接处设置定位钢卡、抗震钢卡。

6. 板与板之间的对接缝隙内应填满、灌实黏结材料，板间隙应揉挤严密，被挤出的黏结材料应刮平勾实。

7. 条板隔墙与楼地面空隙处，可用干硬性细石混凝土填实。

条板隔墙与顶板、结构梁、主体墙和柱之间的连接应采用钢卡，并应使用胀管螺栓、射钉固定。且卡件、连接件应定位准确、固定牢固。条板与条板对接部位应做好定位、加固、防裂处理。钢卡的固定应符合下列规定：

1. 条板隔墙与顶板、结构梁的接缝处，钢卡间距不应大 600mm。

2. 条板隔墙与主体墙、柱的接缝处，钢卡可间断布置，且间距不应大于 1m。

3. 接板安装的条板隔墙，条板上端与顶板、结构梁的接缝处应加设钢卡进行固定，且每块条板不应少于 2 个固定点。

4. 当条板隔墙需吊挂重物和设备时，不得单点固定，并应采取加固措施，固定点间距应大于 300mm。用作固定和加固的预埋件和锚固件，均应做防腐或防锈处理。

八、水电管线安装

1. 水电管线的安装、敷设应与条板隔墙安装配合进行，并应在条板隔墙安装完成 7 天后进行。

2. 安装水电管线时，应根据施工技术文件的相关要求，先在隔墙上弹墨线定位，再按弹出的定位墨线位置切割横向、纵向线槽和开关盒洞口，切割时必须使用专用切割工具按设计规定的尺寸单面开槽切割，不应在条板隔墙上任意开槽、开洞。

3. 切割完线槽、开关盒洞口后，应按设计要求敷设管线、插座、开关盒，并应先做好定位，可用螺钉、卡件将管线、开关盒固定在条板的实心部位上。开关盒、插座四周应采用黏结材料填实、粘牢，并宜采用与条板相应的材料补强修复。开关盒、插座的表面应与隔墙面齐平。空心条板隔墙纵向布线时，可沿条板的孔洞穿行。

4. 管线、开关盒敷设后，应及时回填补强。ALC 条板隔墙上开的槽孔宜采用聚合物水泥砂浆或专用填充材料填密实；开槽的墙面可采用粘贴耐碱玻璃纤维网格布或采取局部挂钢丝网等补强、防裂措施。

九、ALC 墙板的接缝

1. 墙板的接缝处理应在门窗框、管线安装完毕 7 天后进行，接缝处理前，应检查所有的板缝，清理接缝部位，修补好破损孔隙，清洁墙面。

2. 墙板隔墙接缝处应采用黏结砂浆填实，表层应采用与隔墙条板相适应的材料抹面并刮平压光，颜色应与板面相近。墙板的企口接缝处应先用黏结材料打底，再用粘贴盖缝材料。

3. 对于有防潮、防渗漏要求的隔墙板，投入使用前应采用防水胶结料嵌缝，并应按设计要求进行墙面防水处理。

十、ALC 墙板的成品保护

1. 条板隔墙施工中各专业工种应配合，不得颠倒工序。交叉作业时，应做好工序交接，不得对已完成工序的成品、半成品造成破坏。

2. 条板隔墙安装施工过程中及工程验收前，应采取防护措施，不应受到施工机具碰撞。安装后的条板隔墙 7 天内不得承受侧向作用力，施工梯架、工程用物料等不得支撑、顶压或斜靠在墙体上。

3. 当进行混凝土地面等施工时，应防止物料污染、损坏成品隔墙墙面。

结语

以上所述 ALC 板材施工安装监理中的一些常见问题，均是笔者在工程实践中所亲身经历，文中尽量遵循现行最新规范的规定给出阐述或说明，也有一些解释或说明属于笔者个人意见，但实践证明这些内容具有良好的针对性和实用性，能够有效地提高现场监理工作的效率，对施工、监理等均有一定的指导与借鉴作用。

参考文献

[1] 中华人民共和国住房和城乡建设部 . 建筑隔墙用轻质条板通用技术要求 : JG/T 169—2016[S]. 北京 : 中国标准出版社，2017.

[2] 国家市场监督管理总局，国家标准化管理委员会 . 蒸压加气混凝土板 : GB/T 15762—2020[S]. 北京 : 中国标准出版社，2020.

[3] 中华人民共和国住房和城乡建设部 . 建筑轻质条板隔墙技术规程 : JGJ/T 157—2014[S]. 北京 : 中国建筑工业出版社，2014.

[4] 中华人民共和国住房和城乡建设部 . 蒸压加气混凝土制品应用技术标准 : JGJ/T 17—2020[S]. 北京 : 中国建筑工业出版社，2020.

地铁附属出入口暗挖穿越施工安全管控要点

祁春辉

北京赛瑞斯国际工程咨询有限公司

摘 要：北京地铁 9 号线六里桥站 B2 出入口为缓建工程，项目位于京石公路辅路与莲怡园东路交叉口西北角，暗挖段施工垂直下穿 G4 京港澳高速公路，上穿北京地铁 10 号线盾构区间，2021 年 4 月中旬开工，年底前交付使用，工程工期紧，技术复杂，安全风险大。本项目以浅埋暗挖施工十八字方针为指导，严格按照设计图纸要求，采取有效的技术方法，确保了施工安全。本文论述了监理在暗挖施工过程中的管控重点、要点、难点。

关键词：出入口；暗挖施工；十八字方针；穿越；注浆

一、工程概况

自 2011 年年底北京地铁 9 号线建成通车，B2 出入口因各种原因未开通，给京港澳高速北侧居民出行乘坐地铁带来不便，为方便京港澳高速北侧居民出行乘坐地铁，定于 2021 年年底将 B2 出入口建成开通。该出入口施工由 6 个竖井组成，采用"倒挂井壁"法跳仓施工，全长 35.52m。暗挖段通道断面结构为圆拱—直墙形式，全长 64.65m，拱顶覆土厚度 5.1~5.5m，采用矿山"CD 法"施工，暗挖段依次穿越广安路、G4 高速路、G4 高速北侧辅道，在风荷曲苑小区南侧绿地内的地下与竖井段贯通。该工程难点在于暗挖段需下穿 G4 京港澳高速公路，上穿北京地铁 10 号线盾构区间（六里桥站—莲花桥站）左、右线。经过前期施工实测到的地下水位高程为

23.5m，B2 出入口基底高程位于地下水位线以上，施工过程中未出现地下水。

二、施工管控重点

B2 出入口暗挖通道横断面结构尺寸（宽×高）为 6400mm×5770mm，采用"CD 法"施工，在通过京港澳高速正下方时为确保施工安全，设计变更由"CD 法"改为"CRD 法"+ 工字钢临时仰拱，暗挖段初支采用单层钢筋网片 + 格栅钢架 + 纵向连接筋 + 超前小导管 + 锁脚锚杆 + 喷射混凝土 + 初支背后注浆的结构形式进行初期支护，初支喷混厚度为 300mm。拱顶采用超前小导管注浆，穿越段采用超前深孔注浆。通过对各土层的分析，结合工程地质、水文环境等条件，综合考虑注浆效果、工期、造价等，选择水泥—水玻璃双液浆。

（一）暗挖通道土体加固注浆是施工控制的重难点

管控措施：①采用巡视、旁站、检查验收等监理工作手段，督促施工单位严格按照设计要求、施工方案、注浆技术交底等进行注浆，确保注浆管打设角度、注浆量及注浆压力等符合设计要求；②督促施工单位对注浆效果进行检测，在 B2 出入口结构初支施工时设置试验段，以检验设计参数、施工质量控制效果等；③定期检查注浆设备的完好性，督促施工单位严格控制注浆压力，严禁出现注浆压力控制不规范的问题。

（二）马头门破除施工

马头门是结构受力的转换，土体扰动多，受力复杂，为保证马头门破除安全，破除马头门之前，在通道内增设"门"框梁，框梁采用 I25a 型工字钢与 20mm 钢板进行焊接。明挖基坑内马头

门施工前，打设双排小导管对暗挖地层进行超前注浆加固，洞口位置密排 3 榀钢格栅，第一榀钢格栅必须架立于围护桩侧壁内，桩基破除时保留桩基主筋并用 L 型钢筋与出入口钢格栅连接成整体。

管控措施：①马头门破除严格落实条件验收中的各项内容；②初支扣拱马头门开启前，进行拱部超前注浆加固地层，开挖邻洞错开 8~10m，每个台阶纵向步距为 3~5m；③马头门破除后应先观察掌子面土质情况及水文情况，若掌子面不稳定或处于有水状态，应立即初喷一层混凝土，采取防坍措施；④严格按照浅埋暗挖法十八字方针施工，及时封闭成环；⑤马头门喷射混凝土前，在洞口区域埋设回填注浆管，待封闭成环，掌子面开挖向前一定距离后及时回填注浆；⑥马头门破除过程中加强监测，根据监测情况及时调整支护参数；⑦严格按照施工设计图、规范标准、施工方案等进行工程施工质量验收工作。

（三）土方开挖

土方开挖严格按照设计要求进行，规范留置核心土，确保开挖面稳定。土方开挖面附近按要求配备应急物资，做好应急演练等工作，防止出现突发事件。

（四）钢格栅加工与安装

B2 出入口土方开挖完成后，根据测量十字线检查净空，净空检查合格后，开始架立钢格栅。钢格栅每 50cm 设置一榀，钢格栅架立时必须严格按照测量组放样的标高和中线控制线进行架立，格栅架立应先调水平后调中线，再核对水平、中线，反复调整直到中线和水平符合质量要求。钢格栅应水平，循环进尺要准确，连接螺栓拧紧上齐，要特别注意连接板的密贴情况。钢格栅架立完成后安装连接筋、挂钢筋网片，连接筋采

用 Φ22 钢筋，双层梅花形布设，环向间距 1m，采用机械连接，钢筋网采用 Φ6、150mm×150mm 网片，单层布设，网片搭接长度为一个网格。钢格栅经检查验收合格后及时喷射混凝土，封闭掌子面。喷混凝土完成后必须及时修整，表面应平整顺直、内实外光。

管控措施：①项目受场地条件限制，钢格栅为委外加工，验收分为加工场验收和进入施工现场两次验收，确保选择合格的格栅钢架，格栅钢架架立前首先对其外观和格栅尺寸进行检查，焊接质量，尤其是连接板处的焊接质量是检查的重点；②必须保证初支拱部高程，严格按照测量控制线进行拱顶高程控制；③格栅安装过程中必须严格控制导洞初支净空，保证二衬结构的厚度；④格栅架立必须保证同榀格栅里程同步，严格按照测量放样结果控制同步里程，测量组严格按照每 5m 一次准确里程放样进行施工测量控制，在曲线段尤其重要；⑤利用挂线绳实测格栅架立后的垂直度，在不满足验收标准时及时进行调整；⑥格栅架立定位完成后，及时进行连接筋的安装，注意为下一循环施工预留足够的搭接长度。

（五）早封闭

尽可能减少开挖面的暴露时间，开挖完成后及时架立钢格栅，及时喷射混凝土。在特殊段施工时可以缩短开挖步距，以减少暴露时间，达到早封闭的效果。

（六）背后注浆

格栅架立时，按照设计要求打设初期支护背后注浆管，注浆管外露 100mm，以便接管注浆，并用棉纱塞紧孔口，然后再喷射混凝土。当距离开挖面 5m 后，开始背后注浆，目的是充填

一次支护背后的空隙和加固因施工而被扰动的土体，从而减少地层和地表沉降，控制初次支护的变形。

（七）加强监测、反馈施工

信息反馈是暗挖施工的重要组成部分，通过施工监测掌握地质、围岩地层、支护结构、地表环境等的变化情况，及时采取应对措施，保证施工安全。

三、工程暗挖穿越施工管控要点

（一）下穿 G4 京港澳高速管控要点

B2 出入口暗挖通道施工下穿 G4 京港澳高速公路辅路、京港澳高速公路、广安路及众多地下管线，如何确保地面沉降不超设计值，是本工程的重难点之一。本工程在辅路施工前经产权单位、业主单位、设计单位等各方同意，对辅路临时封控，在开挖面正上方铺设一层钢板，在通过京港澳高速主路时，受施工环境等各方面影响，地面未能采取预防措施，洞内暗挖施工由 "CD 法" 改为 "CRD 法" + 临时仰拱，确保施工安全。

管控措施：①通过巡视、旁站、检查验收等手段，监督施工单位在暗挖通道开挖前，按照设计图纸要求分区域对开挖土体进行深孔加固注浆，严格控制注浆压力、浆液配比、注浆量等参数；②开挖过程中严格督促施工单位遵循浅埋暗挖法十八字方针，按照设计要求和施工方案进行开挖，开挖前对作业人员做好技术交底；③对洞内超前支护注浆及初支背后回填注浆进行监理旁站；④对暗挖施工关键工序进行施工前条件验收，确保施工条件满足规范和设计要求；⑤重视监控量测工作，认真审核施工单位监测数据，认真做好监测数据对

比工作，督促施工单位做到信息化施工；⑥对 G4 京港澳高速车流量进行调查，暗挖施工尽量避开大车流量时间段。

（二）上穿既有线北京地铁 10 号线施工采取措施

施工前保护措施：①在工程实施前对北京地铁 10 号线六里桥站—莲花桥站施工影响范围内区间进行工前检测、评估并形成报告；②将评估报告上报甲方与地铁运营单位，然后结合甲方、地铁运营单位、设计单位的意见及相关规范，确定合理的变形控制指标，制定详尽的施工方案、应急预案及风险点管理办法；③施工前组织空洞普查，形成空洞普查报告，对不良地质地层或地面空洞预先从地面进行处理，使其不与出入口结构发生同等变形沉降。

施工期间的保护措施：①暗挖通道开挖前分区域对开挖土体进行深孔加固注浆，做好注浆旁站；②开挖过程中严格遵循浅埋暗挖法十八字方针；③下穿暗挖施工安排在夜间，地铁 10 号线停止运营时；④加强暗挖施工关键工序控制和监控量测。

四、应急处置措施

（一）坍塌应急措施

坍塌处理的第一措施在于人员撤离，及时封闭掌子面，控制坍塌，并及时注入填充物，回填孔洞，改善周边围岩稳定性，确保后续施工安全。因此，掌子面附近应急物资中方木、钢筋网片、加气砖等是必备材料，开挖前严格按照要求配备应急物资，施工过程中不得随意挪动。

若发生坍塌按以下步骤处理：①一旦发生坍塌事故，值班人员立即上报，项目经理启动应急预案，组织向事故现场调配抢险备用的机械设备、物资及人员，进行抢险救援，当险情危及人身安全时，人员要撤离危险区；②暗挖通道内准备足够的应急物资，一旦发现有坍塌现象，立即封堵支顶，喷射混凝土封堵掌子面，防止坍塌和减少地面沉降；③当塌方段有渗水时，对渗水进行引流处理，防止渗水软化塌方土体，引起连续塌方事故；④对于一般坍塌段用方木、工字钢支撑塌方掌子面，及时挂网喷射混凝土封闭坍塌土体，并对距离掌子面 5m 范围内初期支护采用工字钢支撑进行加固，喷射混凝土封闭后及时注浆回填；⑤待土体达到强度要求后可破开工作面，开挖过程中增加小导管数量，调整超前支护注浆浆液的配比及注浆压力，控制开挖进尺，避免开挖临空时间过长；⑥发生坍塌事故后，项目部应立即组织人员对塌方段上方道路进行交通疏散，严禁车辆、行人从塌方地段上方通过，对事故现场立即采取回填处理；⑦必要时组织专家讨论分析原因，采取有效控制措施。

（二）冒浆应急措施

由于该工程覆土厚度较小，在注浆过程中很容易出现冒浆情况，所以注浆过程中要认真观察地表的变化情况，严格控制注浆压力和注浆量，由于浆液的进入引起地层变化，封闭强度较低的地方可能会首先冒出浆液，这就需要在冒浆处加以堵塞，必要时采取间歇注浆方式，以保证浆液有效地注入地层。

（三）地表沉陷应急措施

B2 出入口结构在道路下方，因此地表出现沉陷时，应尽量降低对地面交通、车辆、行人的安全影响：①一旦出现地表沉陷时，立即对地面道路进行交通疏解，避免车辆和行人靠近坍坑；②项目部立即启动应急预案，组织抢险队伍对坍坑进行回填处理，防止坍坑扩大；③加强施工监测，关注变形趋势；④当沉陷可能危及周围建筑物、管线或居民生命财产安全时，应立即报告上级有关单位，并协助疏导人员、保护建筑物；⑤出现人员伤亡时，应立即联系公安、消防、医院等社会救援力量。

结语

北京地铁 9 号线六里桥站 B2 出入口在工期等各方压力下，通过项目组全员努力，顺利开通运营，暗挖施工段整体沉降控制在设计要求范围内，施工安全质量得到了保障，工程项目如期交付使用。

城市轨道交通建设是我国轨道交通行业的重要组成部分，近年来得到快速发展，不断新增运营线路，全国地铁运营里程数每年不断上涨，浅埋暗挖法施工是城市市区施工常用的方法，在以后的施工中穿越施工会越来越多，如何确保施工安全和不影响运营线路是重中之重。从工程前期的地质勘探、管线调查等，到施工中的安全质量管控，再到后期的监测等，施工人员要严格遵循浅埋暗挖法十八字方针，优化每一道施工工序，采用合理、科学的技术手段，按程序标准化施工，确保施工安全和质量，进而保证整个项目的顺利完成。

参考文献

[1] 中华人民共和国住房和城乡建设部 . 地下铁道工程施工质量验收标准 : GB/T 50299—2018[S]. 北京 : 中国建筑工业出版社，2018.

[2] 北京市城市轨道交通建设工程关键节点施工前条件核查管理办法（京建法 [2018]1 号）[Z]. 北京 : 北京市住房和城乡建设委员会，2018.

水电工程机电监理质量管控流程及措施

孙燎原　尚迁毅　马剑弘

浙江华东工程咨询有限公司

摘　要： 在水电工程中，机电设备安装是一项庞大而复杂的项目工作，机电监理的质量管理流程是确保机电安装工程顺利推进和高质量完成的关键环节，对相应机电监理人员的专业素质要求相对较高，系统性建立和熟悉各个质量管控环节的监管思维及掌握必要的技能亦是作为机电专业监理人员必备的素质。

关键词： 监理；机电；质量；流程；措施

引言

水电工程主要包括常规水电站、抽水蓄能电站等，其中抽水蓄能电站作为国家"十四五"规划中的重点对象，计划至 2035 年，我国抽水蓄能电站的储备项目总装机规模约 3.05 亿 kW，当前正以爆炸式的速度发展。抽水蓄能电站快速建设的主要目的不仅为碳达峰、碳中和作贡献，而且具有"隐形充电宝"的长远战略发展意义。目前，在建设和发展过程中，已经取得了突破性的新进展，特别是电站主体机组的制造技术打破了国外技术的"垄断"，这就对相关人才提出了更高的要求，尤其是面对当前水电工程中的机电监理人员的缺口和提高技术素养问题，更需要在具体工作方向层面拟定一套通俗、清晰、易懂且更加便于执行的质量管控流程和措施，为水电工程机电专业监理人员的培养奠定

良好的基础和指明基本的方向，下文即是笔者围绕该主题分享近 20 年的经验总结。

一、水电工程机电监理现状

据调查，中国水电工程监理行业技术的发展始于 20 世纪 90 年代后期，共经历体制建设、技术引进、市场准入、技术完善、技术应用五个阶段。

伴随我国抽水蓄能电站的发展，意味着电站工程的建设达到了空前规模，工程建设人员的需求量相应提高，对"质"的要求亦提出了刚性规定。面对水电工程监理工程服务供应商竞争激烈的局面，各监理机构必须通过提高监理服务质量来赢得投资或建设方的认可，以此获得更多的市场份额。但针对当前水电工程发展阶段，机电专业建设比例范围较少，机电设备制作或采购份额较大，

其整体占水电工程施工合同投资额远低于土建专业建设项目内容，利润比随之较低，导致工程参与竞标的设计单位、监理单位、施工单位的管理层不重视机电专业工程项目的施工与建设，继而失去对有关机电专业人才的吸纳和培养应有的待遇。最终导致出现几乎所有监理单位的水电工程机电监理人员供不应求，以及在用人员的专业基础素养无法满足建设单位的需求的局面。

二、机电监理质量管控流程

监理质量管控的核心就是对步骤与流程的把控，监理方作为提供一种高智能的技术服务托体机构，必须依据国家法律、标准规范、监理合同及设计要求，将监理质量管控的程序全面、正确履行到位，主要强调其前瞻性、管控性、执行性、系统性、协调性。下面主要针

对水电工程项目正式开工阶段，明确机电专业监理人员质量管控流程，使现场机电监理人员快速了解并进入正常质量管理循环轨迹中，达到新手能快速上手的目的。特别是对于一个新入职或调换专业的机电监理人员而言，对新的工作流程的熟悉程度及工作要点标准化的制定与掌握就显得尤为重要。在特定环境下，倘若没有"传帮带"的模式，势必需要自学，达到"无师自通"的效果。

机电监理质量管控主线流程正常应从机电设备进场前开始起步，直至相应的全部单位工程验收结束，机电监理质量管控各个环节主要流程如图1所示。

需要说明的是，水电工程中包含常规基础建筑公用设备工程，如消防系统工程、通风空调系统工程、工业电视及安防系统工程等。在国标建筑规范中（如《建筑工程施工质量验收统一标准》GB 50300—2013），以最小验评（验收及评定）单元为检验批，以及验评顺序为检验批→分项工程→分部工程→单位工程；而相对于水电工程行业标准（如《水电水利基本建设工程单元工程质量等级评定标准》DL/T 5113），则未划分

检验批，最小验评单元为"单元工程"，相当于上述常规建筑工程中的"分项工程"，两者的验评顺序基本一致，因为检验批的划分可依据工序或部位进行归类，单元工程是针对该单元工程内所有工序施工并验收完成作为其验评的前提，两者的验收共同强调的是工序验收的完成，故可以说两者的验评流程可同类而论。

另外，应对工艺和工序的概念和差异分辨清楚。一般来说，一个或一组工人连续完成工艺的过程被称为工序；而生产过程中，对原材料、半成品加工或处理，最终使之成为半成品或成品的方法与过程，称为工艺；工艺过程是由一个或若干顺序排列的工序组成的。至于对设备安装工艺验收的理解，可以视为旨在对相应工艺成果进行全面、有效的评估，以确定其是否达到预期的质量和性能标准。设备安装工艺验收可以狭义理解为单元工程验收的过渡或铺垫。水电工程中，以下着重阐述机电设备安装单元工程监理质量管控程序。

1. 单元工程安装前

（1）单元工程实施前，承建单位应

按设计文件（设计图纸、通知单、说明书等）及有关规程规范，编写较详细的施工组织措施（内容可为：概述、编制依据、涉及的强制性条文、施工技术方案、施工条件、质量控制措施、人员组织结构及设备配置、安全措施及工期、进度控制措施等）。该措施应在实施前28天提交监理工程师，监理工程师一般应在7天内予以批复，承建单位按批复后的措施组织实施。

（2）在制作安装前，承建单位应对制作、安装所用材料、设备、有关部件进行仔细检查及有关尺寸的复测，必须符合设计图纸规定，其性能应符合现行有关规范规定，并且有齐全的出厂合格证、图纸、安装使用维护说明书等资料文件。

（3）对材料、设备及有关部件检查、复测中，如发现质量问题，应立即书面向总监理工程师报告以待处理。

（4）为保证施工质量，对一些预埋件和设备安装所用控制基准点，在施工实施前须经专业测量人员放置，并经监理工程师认可方能施工。

（5）在单元工程实施前，承建单位应对参加工程实施人员进行技术交底，现场应有有关技术文件，便于施工过程质量检测有据可查。

2. 单元工程制作安装实施中

（1）单元工程在制作、安装过程中，应对照制作、安装设备相关安装和质量等级评定规程中所列检测项目进行检测（如不符合要求，应重新调试，直到达标为止），并将每项检查结果详细记录在案。

（2）单元工程基本完成时，承建单位应按设计、制造厂家提供的资料要求和有关规程、规范、标准全面自检，按

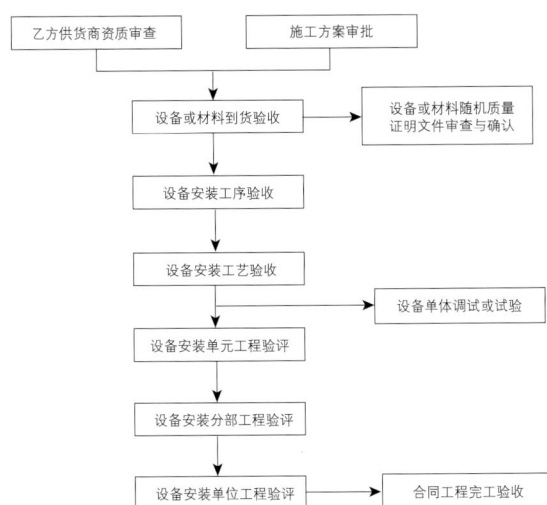

图1 机电设备安装工程质量管控流程图

规定表格检测结果，并按有关质量评定标准，对制作、安装质量进行等级评定。

（3）对需要分阶段实施的单元工程，在完成某一阶段后，应将已完成阶段制作、安装、质量检测以及耐压试验等资料整理报监理工程师，工程师复检或抽检认可后，方可进入下一阶段的制作安装工作。

（4）对需埋入混凝土内的单元工程，（除按第3条内容要求外）已完成部分还应加固焊牢，以免移位和变形，必要时还应设置监测仪进行观测，出现特殊情况应及时向工程师报告。

（5）对埋件的二期混凝土，应在制作安装完后7天内浇筑，过期或有碰撞，承建单位应予复测，合格后方可浇筑。拆模后承建单位对埋件还须复测，并记录在案，同时检查混凝土面尺寸，清除遗留的钢筋和杂物，将其结果报监理工程师。

（6）对需调试或运行后才能完成的单元工程，当安装结束后，除应按第3条内容要求外，调试前还应向监理工程师提交调试大纲和内容、调试时间，工程师批复后方可进行（必要时，须有业主、设计、制造厂等人员在场），承建单位应对调试过程详细记录，调试结束后，7天内要整理成书面报告报监理工程师。若还有需试运行的单元工程，可按调试程序进行。

3. 单元工程完成验收后

（1）对已施工完成的单元工程，承建单位应按设计文件资料和相关规程、规范要求，进行全面自检，若是分阶段实施的单元工程应将各阶段检测记录资料，按统一表格填写检查结果及数据，并按有关质量评定标准，对已完成的单元工程自我评定质量等级。

（2）向监理工程师提出申请，在验收前24h应提交下列有关资料：①请验报告；②全部检测记录（即三检单）；③验收单；④质量等级评定表；⑤其他有关资料。

综上，监理工程师收到承建单位提交的请验材料后，经对材料审核，认为具备验收条件时即可进行验收（或组织有关人员共同参加验收），如审核资料不全或不具备条件，应通知承建单位待完善后再验。

另外，机电监理质量管控流程的过程通常分为事前、事中及事后三个阶段，每个阶段具体质量管控的主要事项如表1所示。

三、机电监理质量管控措施

1. 对承建单位的各种设备、派往现场人员资质进行审查，确认其具有承担该工作的资格、能力，并应持证上岗。同时，对施工设备数量是否满足现场需要、质量保证体系是否完善和管控体制是否健全有效等方面进行审查，只有这样，质量控制才能得到有效保证。

2. 对施工承包单位的开工申请书进行审批，以达到检查核实开工程序与控制其施工准备工作质量。

3. 审批施工承包单位所提交的施工方案、施工组织设计或施工进度计划，一般经分析研究（对重要的方案还需组织专家进行专题讨论研究），提出审批意见，并要求承包单位在施工过程中严格按照已批复的文件进行落实执行，并建立进度动态管控制度。

4. 审批施工承包单位提交的有关材料、设备及配件的质量证明文件（出厂合格证、质量检验或试验报告等），并按合同及规范要求对部分材料进行抽检。

5. 审核承建单位提交的有关工序的检验记录及试验报告。工序交接检查（自检）、隐蔽工程检查、分部分项工程质量检查报告等有关文件资料，以确保和控制施工过程的质量。特别是对隐蔽工程，应专门制定一套操作控制程序，混凝土覆盖前，除了承建单位的现场施工人员及技术人员签字外，还必须有机电和土建两个专业的监理工程师签字才准予覆盖。

6. 认真审批有关设计变更、修改设计图纸等，以确保设计及施工图纸的正确性、完整性、系统性。

具体质量管控的主要事项　　　　表1

事前质量管控	事中质量管控	事后质量管控
・材料或设备采购质量控制，以及设备开箱检验 ・生产设备采购、订货、加工制作的质量控制 ・施工机械设备的质量控制 ・施工组织设计、施工方案或措施的审核 ・组织设计图纸会审及技术交底 ・工程技术、施工现场管理环境监督检查 ・测量标桩审核、检查	・材料或设备的物资仓储质量控制 ・工序质量控制点检验 ・工序之间的交接检查 ・质量资料和质量控制图表审核 ・设计变更和图纸修改审核 ・施工作业面巡视和检查 ・施工现场成品保护的监督 ・隐蔽工程、分项工程、分部工程的检查验收 ・单元工程（工艺）质量控制及评定 ・设计变更与图纸修改审查 ・组织质量信息反馈	・工程质量文件的审核 ・系统或联动试车 ・分部或单位工程质量评定 ・验收文件审核 ・竣工图的审批 ・竣工检验

7. 加强对施工现场的监督和检查，主要包括：

（1）开工前的检查。主要是通过督促承建单位本身，检查施工前准备工作的质量能否保证正常施工及工程施工质量。

（2）对工序施工中的跟踪监督、检查与控制。重点是监督、检查在工序施工进程中，人员、施工机械设备、材料、施工方法及工艺或操作以及施工环境条件等是否均处于良好的状态，是否符合保证工程质量的要求，若发现问题应及时纠偏和加以控制。

（3）对于重要的和对工程质量有重大影响的工序，应采取旁站监督控制，以确保承包人在施工过程中严格按照相关技术要求进行。

8. 审批有关工程质量缺陷或质量事故的处理报告，确保质量缺陷或事故处理的质量。

9. 组织并参与单元（分项）工程、分部工程中间检查和验收，并根据《水电水利基本建设工程单元工程质量等级评定标准》DL/T 5113、《水利水电工程单元工程施工质量验收评定表及填表说明（下册）》《水利水电工程施工质量检验与评定规程》SL 176—2007 等标准要求，填写单元（或分部）工程质量评定表，评定质量等级。

10. 注重质量信息管理。监理工程师在施工现场的监督和检查，以及旁站监理过程中所发现的有关问题，除及时研究处理外，还应向总监理工程师汇报，同时记入监理工作日志中，以不同的形式向有关部门（或单位）通报，包括工程形象、工程存在的问题、改进措施和建议等内容，以便有关部门（或单位）对工程情况进行了解，对存在的问题引起重视，并得以妥善处理。

11. 质量检验的实施。质量检查就是根据有关的质量标准，借助一定的检测手段来估价各种产品、材料或设备等的性能或质量状况的工作，也是监理工程师监督控制承建单位施工质量必不可少的措施。工程质量检验可以理解为质量管理与质量控制应及时提供所需的数据资料，用检验的数据和所反映的实际情况来分析、判断事物的状况，找出质量规律，有针对性地采取控制措施，达到质量控制的目的，以确保工程质量及工程的可靠性与安全性。

结语

总之，在水电工程中，机电工程质量控制在整个工程建设管理中占有较高的地位，加强机电监理质量控制是提高工程建设质量水平、实现科学管理、保证工程质量标准、达标创优的重要条件和途径。而机电监理质量管理的工作精髓在于"思路清晰、工作精细、把关到位、追求上品"，熟悉和掌握机电监理质量管控基本流程和相关控制措施势必成为每个监理人员的入门必备技能，不断优化或创新机电监理质量管理措施，是简化机电监理质量管理程序的必经之路，亦是正确的方向，最终，引领机电监理人在水工工程发展旅程中取得崭新的成就。

参考文献

[1] 苏和平，张燕 . 机电工程的电气设备安装质量管理 [J]. 电子技术，2020，49（11）：112–113.
[2] 常雪强 . 建筑机电工程施工技术与质量控制措施探讨 [J]. 建材与装饰，2017（8）：35–36.

建筑工程装配式预制叠合板施工技术分析

王 峰

湖南长顺项目管理有限公司

摘 要：随着科技的飞速发展，装配式建筑在建筑行业的应用越来越广泛。特别是在建筑工程中，装配式建筑的优势得到了充分展现。装配式建筑是指将建筑物的各个部分（如墙板、楼板、屋面板等）在工厂预制完成，然后运输到施工现场进行组装的一种建筑方式。这种建筑方式具有施工速度快、质量可控、环保节能等优点，因此在建筑工程中备受青睐。本文主要介绍装配式建筑中预制叠合板结构，以实际工程为案例对预制叠合板结构施工技术进行探究。

关键词：建筑工程；装配式；预制叠合板

引言

预制叠合板是装配式混凝土结构中常见的结构形式，它是一种由较薄的混凝土面板和较厚的混凝土底板通过叠合而成的预制混凝土板。这种结构在工厂内生产，经过养护和硬化后运输到施工现场进行安装。预制叠合板施工技术具有高效施工、节省模板、减少现场混凝土浇筑量等优点，符合节能减排的要求。目前我国预制叠合板施工正在逐步取代传统的现浇钢筋混凝土楼板。基于此，本文通过衡阳县人民医院新院一期工程装配式建筑中对预制叠合板施工技术进行分析，为类似项目提供参考。

一、工程概况

衡阳县人民医院新院一期工程总建筑面积为115067m²，将建成包括门诊医技综合楼、住院楼、行政综合楼、后勤楼、感染楼等主要建筑在内的综合性医院。工程装配式结构范围：行政楼二～四层叠合楼板、屋面层叠合楼板，二层～屋顶层预制楼梯；后勤楼二～三层叠合楼板、屋面层叠合楼板，二～屋顶层预制楼梯。

叠合板的楼板厚度有140mm、160mm两种，预制板厚度为60mm。钢筋采用HPB300、HRB400，预制叠合板混凝土设计强度均为C30。装配式建筑总面积4606.86m²。

二、工程特点和施工难度及解决方案

（一）工程特点

1. 预制叠合板在工厂内进行定制和加工，减少了现场的施工时间，提高了工作效率。

2. 由于预制叠合板独特的结构和材料特性以及生产过程中的特殊处理，因此比传统的现浇楼板具有更高的抗裂性能。

3. 在施工现场，使用叠合板作为楼板底模，能够节省模板等周转材料80%以上的使用量。

4. 现场施工时减少了模板安装和现场混凝土浇筑量，使用预制叠合板可以比传统建造模式缩短30%的工期。

5. 由于叠合板的上下表面平整度较好，有利于饰面层装修，因此可以大幅减少现场湿作业量。

6. 预制叠合板可以根据不同的设计需求来定制尺寸和厚度，也可以依据设计需求进行自由切割和拼接，具有很高的灵活性、自适应性和适用性。

（二）施工难点及解决方案

1. 数量多、型号规格各异：对临时

堆场和吊装机械要求较高。需合理规划临时堆场，选择适合的吊装机械，确保施工安全高效。

2.厚度较薄、易开裂：严格控制原材料及生产工艺，加强养护措施，减少收缩裂缝的产生。在运输过程中，采取措施避免因颠簸或碰撞导致裂缝的产生。在施工过程中，严格按照规范要求进行操作，确保预制叠合板的安装质量和连接牢固性，减少因施工不当导致的裂缝问题。

3.对板底平整度要求高：需选择合适的模板支撑体系，确保板底平整度符合要求。可采用独立支撑体系或轮扣式满堂支撑体系等方案。

4.叠合板之间的拼缝处理不当容易导致漏浆：在叠合板安装前对拼接位置进行模板支设并固定好侧边模板。对于较大的拼缝可采用独立支撑体系进行加固和设置板带；对于较小的拼缝则可使用密封砂浆等材料进行封堵以防止漏浆。

三、工艺流程

预制叠合板施工工艺流程如图1所示。

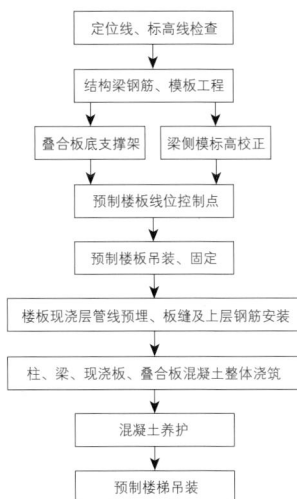

图1　预制叠合板施工工艺流程图

四、施工技术

（一）预制叠合板的运输

开工前，由构件厂编制构建运输专项方案，各方确认后实施。水平构件均采用平板车平放层叠方式运输，堆放层数不超过6层。构件尽量分类装车，垫块应在一条垂直线上，构件装车顺序与卸车顺序一致[1]（图2）。

图2　预制构件运输图

（二）堆放要求

在考虑施工现场总体布置时，提前设置好预制构件堆放场地，堆放场地应为坚实的混凝土或硬质地面且具有良好的平整度，场地内不能积水，场地四周应有排水措施。预制板堆放时宜设置专用堆放架。在预制板堆放区放置警示牌。

预制板堆放时全部要求平放，钢筋桁架那一面要求向上放置，严禁倒置。应合理布置预制板垫块，垫块位置宜与吊点位置一致。预制构件在堆放场一般为多层叠放，叠放时要求各层垫块上下对齐，叠放层数不宜多于6层（图3）。堆垛尽量布置在塔式起重机工作半径35m范围内，堆

图3　预制叠合板现场堆放图

垛之间宜设宽度为0.8~1.2m的通道[2]。

为了方便吊装预制板，预制板堆放区应在塔式起重机运转范围内，避免吊装时预制板二次搬运，造成施工作业的交叉干扰。

预制构件外露预埋件和连接件等外露金属件应有相应的防腐、防锈措施。

预制板堆放完成且成品质量检查合格后，施工方应在构件上设置产品标识（包括工程名称、构件编号、构件规格、构件重量、生产企业、制作日期、质检员等信息）、吊点位置标识及预制板安装方向标识等。

（三）进场验收

预制板进场时，应全数检查预制板的质量证明文件，包括出厂合格证、混凝土强度检验报告、钢筋和钢筋桁架检验报告等。

外观质量应全数检查，不应有严重缺陷，且不应有影响结构性能或安装、使用功能的尺寸偏差，检查项目包括长度、宽度、厚度、表面平整度、侧向弯曲、翘曲、对角线差等。外观缺陷如露筋、蜂窝、孔洞、夹渣、裂缝等应严格检查，确保其不影响使用。

按照设计文件的规定检查预埋件、预留插筋、预留孔洞的规格、数量、位置是否符合设计要求。

（四）起吊工具形式

构件吊装机械主要采用塔式起重机，并确保全覆盖。采用常用的钢扁担为起吊工具，通过在预制构件内预埋专用吊钉来实现吊装。采用钢扁担可以保证吊点的垂直性和受力均匀性，从而确保构件平稳吊装。钢扁担采用吊点可调的形式，使其通用性更强。钢扁担主梁采用工字钢，钢丝绳采用直径为17.5mm（6×37钢丝，绳芯1）的钢丝[3]。

（五）成品保护

运输过程中，应选择适当的包装材料保护预制叠合板不受损害，运输的车辆应该保持匀速行驶。施工现场应设置合适的运输道路和平整、坚实的堆放场地。预制叠合板成品质量检查后，应及时设置产品标识、吊点位置标识及安装方向标识。施工前应编制专项施工方案，并对施工人员进行质量安全技术交底，确保施工过程中的成品保护。预制叠合板安装好后其上不能集中堆放大量材料和物品，也不得使其承受较大冲击荷载，施工荷载不应超过设计允许值。

（六）叠合楼板模板及支撑施工

1. 支撑架：叠合楼板支撑架采用轮扣式支撑架，纵横立杆间距 900mm×1200mm、局部 900mm×1200mm，纵横水平杆步距 1800mm，顶托高度不大于 200mm。叠合楼板支撑架与梁支撑架连接成整体，并按要求设垂直和水平剪刀撑。梁支撑架按施工方案搭设，梁下立杆间距不大于 900mm。

2. 模板安装：木枋采用 50mm×70mm 杉木枋，要求平直、表面光滑；模板采用 15mm 厚木胶合板，表面平整光滑。预制板长度不小于 3m 时，在板中设置不小于 30cm 宽板带。在板带四周粘贴胶条，用于防止漏浆。模板安装、板带设置如图 4 所示。

图4 模板安装、板带设置图

（七）预制叠合板吊装、安装

在吊装之前，明确所需的预制叠合板型号和数量，并准备好塔式起重机等吊装设备，同时确保设备性能良好、运行正常。检查吊机、吊索、吊钩等吊装工具的质量和状态，以确保能够承受重物的重量。在吊装前充分考虑地形、天气、负荷等因素，制定合理的吊装方案和作业程序。确定叠合板的重心和吊点的位置，以便安全、稳定地进行吊装作业。在吊装前需要对叠合板进行加固和绑扎，使其能够牢固地被吊起来。指定专人负责指挥作业，协调吊装人员的动作，确保吊装过程的安全有序。吊装前需要将叠合板上的泥土、砂子等杂物清理干净，以便更好地进行吊装作业。

在吊装过程中，保持稳定，防止叠合板甩动或颠簸。塔式起重机缓缓将预制板吊装，待板的底边升至距地面 500mm 时略作停顿，再次检查吊挂是否牢固，板面有无污染破损，若有问题必须立即处理。叠合板在吊装时容易与其他物体碰撞，因此需要特别留意，以免造成损坏。注意避免叠合板上的预留钢筋与墙柱钢筋碰撞。施工时确保吊装高度与作业现场的高度相适应，防止发生意外事故。吊装到作业层上空 200mm 处略作停顿，施工人员手扶楼板调整方向，放下时要停稳慢放，严禁快速猛放，以免冲击力过大造成板面振折裂缝。施工作业人员必须严格遵守操作规程，保证工作安全，如遇到 5 级风以上时应停止吊装。

如果叠合板吊装时出现重心偏移，应及时调整吊点位置或使用适当的固定装置。如发现叠合板变形，需要及时进行矫正或更换。在吊装过程中，如发现

工人缺乏经验或注意力不集中，应及时提醒或更换。若叠合板在吊装过程中发生摆动，可以使用阻尼器或增加重量来保持稳定。

（八）梁、板钢筋绑扎及水电管线敷设、连接施工

1. 梁筋绑扎要求：预制叠合板不管是双向出钢筋还是三面、四面出钢筋，只需一侧现浇梁上面一根角筋绑扎，其他侧现浇梁上面一根角筋暂不绑扎，在叠合板安装完成后再绑扎主筋。梁钢筋绑扎严格按结构施工蓝图及设计变更单施工，梁筋与箍筋满扎，并垫设好混凝土保护层垫块。

2. 水电管线敷设、连接：机电管线与电气管线敷设在楼板的现浇层中，在现浇层楼板下层钢筋绑扎完成后，就开始进行管线的敷设与连接工作，叠合板内的灯具、消防探测器等设备在叠合板上已经预留好接线盒或穿线孔，以便与叠合板现浇层内后安装的管线相连接。通常采用 JDG 金属导管等刚性管材，如要斜穿线管时，为了方便安装可使用柔性管材。当有机电管线需要跨越伸缩缝时，应在伸缩缝两侧的叠合楼板内靠近伸缩缝方向预留线盒，确保管线的连续性和安全性。

3. 楼板上层钢筋安装：楼板上层钢筋安装时将钢筋固定在梁下的螺纹钢上。将钩子固定在梁下的螺纹钢顶部，然后将上层钢筋分别绑扎在钩子上，使其离梁底有一定距离（具体距离根据设计要求确定），确保上层钢筋的位置准确且稳定，如有需要可进行调整。保护已铺设好的钢筋和模板，严禁在底模和板筋上直接行走，防止扰动已绑扎完成的钢筋，并对钢筋和模板做好成品保护工作，防止损坏或污染。

（九）预制叠合楼板混凝土浇捣

1. 叠合楼板混凝土浇捣：施工前进行现场勘查，确认混凝土浇筑的位置、高度和尺寸，并标识出来。浇筑前先清除叠合板表面的杂物、灰尘和松散骨料，确保表面平整牢固。然后在预制叠合板上充分洒水保证表面湿润，但不能造成过多积水。应按照先柱墙后梁板的顺序，选择从中间向两边的方式进行浇筑，有助于确保混凝土在叠合层内均匀流动并形成密实结构。浇筑混凝土时使用平板振动器对混凝土进行均匀振捣，以排除空隙和气泡，保证混凝土的密实性。注意浇筑时的温度和湿度条件，避免出现过早干燥或过度湿润的情况。特别是在高温、低温等极端天气条件下，采取相应的施工措施，确保浇筑质量。要特别注意保护预埋件，防止其受到损坏或污染。浇筑完毕后及时进行养护，并采取适当的湿养措施以防止开裂。养护期结束后，进行强度测试和其他必要的验收工作。

2. 混凝土布料机布置及泵管架设：施工现场合理布置布料机及架设泵管，混凝土泵管架设高于叠合楼板面，严禁混凝土泵管架设在叠合楼板上；在混凝土梁上架设 18 号工字钢梁平台，将布料机放在 18 号工字钢梁平台上，同时将布料机范围梁下加立杆支撑进行加固。

（十）质量标准及保证措施

1. 预制构件进场检查（表 1）。

2. 施工精度要求（表 2）。

3. 吊装过程标准：预制板吊装顺序尽量依次铺开，不宜间隔吊装。每块板吊装就位后偏差不得大于 2mm，累计误差不得大于 5mm。承受内力的接头和拼

预制构件进场检查允许偏差表 表 1

分项	检查项目	测量工具和方法	判定标准
外形、尺寸	长度、宽度、厚度、对角线	用钢卷尺进行测量，2 个点取偏差较人值	±5mm
裂缝或破损	裂缝	用裂缝检查尺放在裂缝处，目视与裂缝最接近的位置，读取数值	根据湖南省地方标准判定；建议超过 0.3mm 的废弃
	破损	目视破损位置，用卷尺测量破损长度深度	对结构有影响的废弃，无影响的修补
钢筋	外露长度	用卷尺全数测量	按照 +5mm，0mm 控制
	位置	用卷尺从结构内表面开始测量，全数检查	按照 ±5mm 控制
	保护层厚度	目视观察有无明显出入的位置，如果有，用卷尺测量其数值	根据设计院出具的施工图判定
	主筋状态	目视主筋有无明显变形或者损坏	对结构有无影响
预埋件	种类、位置	目视预埋件种类，用卷尺测量预埋件位置	根据预制构件制作图纸判定
预留孔洞	尺寸	用钢卷尺测量孔洞水平、垂直、对角线尺寸	根据预制构件制作图或者门窗施工图确认尺寸是否符合误差要求

叠合式预制楼板安装允许偏差及检验方法 [4] 表 2

序号	项目	允许偏差 /mm	检验方法
1	预制楼板标高	±5	水准仪或拉线、钢尺检查
2	预制楼板搁置长度	±10	钢尺检查
3	相邻板面高低差	2	钢尺检查
4	预制楼板拼缝平整度	3	用 2m 靠尺和塞尺检查

缝，当其混凝土强度未达到设计要求时，不得吊装上一层结构构件；当设计无具体要求时，应在混凝土强度不小于 10N/mm² 或具有足够的支撑时方可吊装上一层构件。已安装完毕的预制构件，应在混凝土强度达到设计要求后，方可承受全部设计荷载。

结语

综上所述，预制叠合板施工技术具有诸多优点，但也存在一些挑战和难点，需要在实际施工中加以注意和解决。通过合理规划施工方案、选用合适的机械设备和材料以及加强质量控制和检查验收等管理措施，可以有效地提高施工效率和质量，实现绿色节能的建筑目标。

参考文献

[1] 杨林 . 装配式建筑履约管理要点 [J]. 四川水泥，2018 (9)：194-195.

[2] 兰梦茹，陈育琼 .BIM 技术在装配式预制墙体施工策划阶段的应用研究 [J]. 砖瓦，2022 (3)：40-42.

[3] 李祖娟 . 预制装配式建筑施工质量控制要点探讨 [J]. 中华建设，2018 (5)：142-144.

[4] 中华人民共和国住房和城乡建设部 . 装配式混凝土结构技术规程：JGJ 1—2014[S]. 北京：中国建筑工业出版社，2014.

地铁车辆段铺轨控制要点

郭泽军

北京赛瑞斯国际工程咨询有限公司

摘　要：本文通过监理对地铁车辆段轨道工程施工阶段流程、施工工艺及监理控制要点等进行总结，为后续类似地铁车辆段轨道工程监理提供参考。

关键词：地铁；铺轨施工工艺；质量通病及预防

引言

本文结合大连地铁 5 号线后关村车辆段工程等相关工程施工实例，就城市轨道交通工程中经常出现的一些质量缺陷进行分析探讨，并根据笔者曾经的施工及监理经验给出相应的处理措施。目前在城市轨道交通建设过程中，铺轨施工技术一直处于发展阶段，轨道是保证地铁工程质量的重中之重，因此，采用合理的施工组织及施工工艺起到了决定性的作用。

一、车辆段铺轨主要材料及技术标准及性能要求

（一）钢轨选用原则

我国城市轨道交通正线均采用 60kg/m 的重型钢轨，车辆段、停车场碎石道床线路可选用 60kg/m 和 50kg/m 的钢轨。

钢轨接头应避开轨枕设置，且不设置在平交道口和车挡范围内，若遇钢轨接头刚好处于规范规定禁设钢轨接头处时，应用不小于 6.25m 的钢轨调整钢轨接头位置。

（二）钢轨配件

由接头夹板和接头螺栓将钢轨之间的端部连接起来，使钢轨接头部位共同承受弯矩和横向力。普通线路地段钢轨之间需采用接头连接。半径 R 不大于 200m 曲线地段钢轨采用错接接头，其错开距离不小于 3m，轨道电路的两端绝缘接头相错量需按信号专业图纸要求施做。

（三）扣配件及轨枕

扣件是钢轨与轨枕或其他枕下基础连接的重要连接零件，一般扣件都是由钢轨扣压件和轨下垫层两部分组成。

轨枕应用于车辆段和地面线的碎石道床。城市轨道交通线路大多采用混凝土短枕、混凝土支撑块以及混凝土轨枕（道岔自带扣件及轨枕）。

（四）轨距

一般地段采用铁路标准轨距 1435mm。半径 R 不大于 200m 的曲线地段轨距应按照《地铁设计规范》GB 50157—2013 进行加宽，曲线加宽值按照表 1 执行。

曲线加宽值表		表 1
曲线半径 R/m	加宽值 /mm	加宽后轨距 /mm
200>R ≥ 150	5	1440
150>R ≥ 100	10	1445

（五）轨底坡

车场线、出入线多数采用 1/40 轨底坡，道岔内及道岔间不足 50m 地段不设轨底坡，在道岔两端采用轨底顺坡垫板进行过渡。当道岔两端与需设轨底坡的钢轨相接时，在道岔两端各两根岔枕铁垫板下设置轨底顺坡垫板进行过渡。

（六）曲线超高

车辆段内库外线路由于行车速度低且空车运行，故不需设置曲线超高，但为了避免出现反超高，在施工中可设不

大于 6mm 的超高。出入线因车速较高，设置 50mm 全超高。监理工程师需按照图纸及施工方案进行管控。

（七）线路锁定

单元轨节锁定前应按设计文件要求设置好钢轨位移观测桩，位移观测桩设置齐全、牢固、不易损坏，并易于观测。线路锁定轨温应在设计文件锁定轨温范围内，左右两股钢轨及相邻单元轨节的锁定轨温差均不应大于 5℃。线路锁定后，应及时在钢轨上设置纵向位移观测的"零点"标记，定期观测钢轨位移量并做好记录，任何一个位移观测桩处位移量不应超过 20mm。

（八）试车线无缝线路钢轨焊接及探伤检测

钢轨应采用工厂化闪光焊焊接，工厂化焊接长轨条长度不宜小于 500 m。道岔内及道岔两端与区间线路钢轨的锁定焊可采用铝热焊。待焊钢轨的类型、规格、质量应符合设计文件要求，钢轨焊接接头的型式检验和周期性生产检验应符合现行行业标准的规定。

钢轨焊头应进行探伤检查。焊头不应有未焊透、过烧、裂纹、气孔夹渣等有害缺陷，钢轨焊缝两侧各 100mm 范围内不应有明显压痕、碰痕、划伤等缺陷，焊头不应有电击伤。轨底上表面焊缝两侧各 150mm 范围内及距两侧轨底角边缘各 35mm 范围内应打磨平整。钢轨焊接接头应纵向打磨平顺，不应有低接头，钢轨焊接接头平直度允许偏差应符合表 2 的规定。

接头平直度允许偏差表　表 2

项目	允许偏差 /mm
轨顶面	0~+0.3
轨头内侧工作面	±0.3
轨底（焊筋）	0~+0.5

二、库外碎石道床施工监理质量预控

（一）地基基础填筑

1. 监理应对回填土进行现场抽检并取样送检。

2. 监理应对土方回填进行全面旁站。

3. 监理应对回填土压实度现场检测并取样送检。

4. 监理应做好事前预控

因库外碎石道床下方有排水、信号等专业工程需要在回填前就要完成，因此这一阶段一定要在铺轨施工前完成，并确保上述工程完工后压实回填土，以防后续地基下沉从而影响轨道下沉。

（二）碎石道床施工

根据《铁路碎石道砟》TB/T 2140—2008 中的规定，碎石道床主要参数指标应符合以下要求：道床密实度不小于 1.70kg/cm³；道床支承刚度不小于 70kN/mm，纵向阻力不小于 10kN/ 枕，横向阻力不小于 9kN/ 枕。

1. 库外线（试车线、出入线除外）

道床顶面宽 2.9m、曲线半径不大于 300m 地段，曲线外侧道床肩宽加宽 100mm；道床边坡 1：1.5；设单层道床，内轨中心线处枕下道砟厚度不小于 250mm。

2. 试车线有砟地段、出入线有砟地段

道床顶面宽 3.3m，道床边坡为 1：1.75，设双层道床，面砟、底砟厚度分别为 250mm、200mm。

（三）库外碎石道床监理质量预控

1. 线路交接及复测。按照设计文件及线路平、纵断面等资料对路基面的中线、标高、密实度、路基沉降记录、排

水坡度及其他与轨道有关的项目进行一次工序交接，办理线路和相关资料移交手续，并对其施工的路基面标高及线路中线等进行复测。

2. 道砟摊铺。根据设计方量及道砟类型，将道砟运至路基上进行摊铺，底砟面找平。

3. 卸散钢轨、轨枕及扣配件。

4. 轨枕锚固应采用专业锚固剂锚固。

5. 散放扣件及安装扣件。

6. 细方轨枕及紧固扣件。按照所注明的轨枕间距，利用方尺和石笔在轨面上画出间距印，连续 5 根轨枕间距误差满足 ±20mm。调整轨下垫板，轨距挡板座必须摆正并落槽，弹条必须密贴扣板。

7. 荒道整修和上砟。线路铺好后进行初步整修，按线路中线桩拨至设计位置，串砟捣固，消除硬弯鹅头、三角坑和反超高现象。根据道床面砟设计方案，将道砟运至线路上，用专用设备进行摊铺。

8. 精细整道。整道时控制现场轨面标高及线路方向。将道砟均匀地填充到轨枕盒内，不足部分推卸补充，用起道机将每节轨抬高并用道砟垫实，抬高后的轨面应大致平顺，没有明显的凹凸和反超高现象，并立即向轨枕下面串砟捣固密实，不得有空吊板。然后将线路拨至设计位置，达到直线顺直，曲线圆顺。最后补填轨枕盒内道砟使其饱满，进行第二、三遍整道作业（与第一遍上砟整道相同）。

9. 检测及验收。对线路进行全面检查，轨道几何尺寸应符合本轨道工程设计要求，各种扣配件安装齐全、位置正确，各部尺寸均应控制在轨道验收规范范围以内。

（四）碎石道岔及交叉渡线监理质量预控

1. 基标测设

道岔施工基标设置在线路中心线上，设岔心、道岔始终点，转辙器始终点，辙叉始终点及导曲线始终点的基标和交叉渡线菱形岔心的控制基标。

2. 铺设道岔

依据道岔轨枕布置图摆放岔枕。当岔枕按次序摆放完成后，把道岔直股作为基准轨，按道岔组装图要求组装基准股钢轨扣件和非基准股钢轨扣件。

3. 拨正道岔或交叉渡线位置

当道岔或交叉渡线初步铺设完成后，依据道岔或交叉渡线的控制基标对道岔或交叉渡线的原实际位置进行联调、定位，保证其除高程方向外位置的正确。

4. 补砟、起道、养道

道床外观整形要求均与碎石道床要求一致。

（五）出入线整体道床地段、库外平交道口与库内平过道口地段监理质量预控

其设计同库内一般地段整体道床，应采用带橡胶嵌条的钢筋混凝土整体道床，宽度为 2.2m，长度与道口长度相同，橡胶嵌条必须与钢轨、扣件及轨枕配套，预留的轮缘槽尺寸满足使用要求（高不小于 50mm，宽不小于 60mm）。

道口位置应符合图纸设计规定，铺设应平整稳固；道口橡胶嵌条材料应符合设计规定；道口范围内不得有钢轨接头。

三、库内整体道床施工工艺及监理质量预控

车辆段库内分为横通道及一般短枕式整体道床、柱式检查坑整体道床、墙式检查坑整体道床等，其中柱式检查坑整体道床为无枕木直接预埋扣件式。

（一）横通道及一般短枕式整体道床施工步骤及监理控制要点

1. 施工方法

车辆段库内线因场地作业面狭小或交叉作业等情况一般采用"散铺架轨法"施工。

2. 基标测设

先布设铺轨基标，每 6m 设一个基标，并做好保护措施，在施工中注意保护基标，确保轨道精度。

3. 基底凿毛

进行基底凿毛处理，凿点间距 150mm，凿毛深度 5~10mm，呈梅花形布置。

4. 架设轨排

钢轨用钢轨支撑架进行固定，并对轨道进行粗调。在固定好的钢轨上用石笔划分好间距、位置，再按照划线安装扣件与轨枕。钢轨连接采用普通接头夹板，钢轨普通接头应与主体结构变形缝、平交道口等处错开设置，错开距离不小于 0.5m。轨排架设前应对钢轨进行检验，严禁同一节轨排左右两钢轨公差大于 3mm。道床伸缩缝应设置在两相邻轨枕中心位置，间距 6~8m，缝宽 20mm，采用聚乙烯泡沫塑料板填缝，并用硅酮填缝密封胶密封，结构变形缝应与道床伸缩缝一致。

5. 道床钢筋加工、绑扎、焊接

总包单位按道床施工图纸加工道床钢筋后进行钢筋绑扎、焊接。钢筋绑扎、焊接应连续、牢固，不允许出现漏绑、漏焊。

6. 轨道几何尺寸调整

进行线路精调，具体做法是：先调水平，后调轨距；先调基标部位，后调基标之间；先粗后精，反复调整。

7. 模板支立、安装

安装模板，模板应拼接顺直、垂直，加固牢靠，高度高于道床面，下部有空隙处应进行封堵，防止漏浆，所有模板应先均匀涂抹隔离剂。将提前焊好的角钢带钩钉按轨道标高固定并焊接稳固。

8. 混凝土浇筑

隐蔽工程通过监理工程师检查后方可进行混凝土浇筑，监理工程师需进行旁站。

9. 支撑架、模板拆除，道床整修与养护

混凝土终凝后，强度达到 5MPa 时方可拆除钢轨支撑架、模板，模板在拆除时应注意保护棱角及侧壁面，防止损伤之后影响质量与外观，有缺棱掉角的及时进行修补。模板拆除后进行道床养护，养护应在混凝土浇筑完成之后的 12~18h 开始，每天洒水不少于三遍，养护时间不得少于 7 天。

（二）库内柱式检查坑整体道床施工步骤及监理控制要点

柱式检查坑整体道床施工与平过道整体道床施工程序基本相同，其特殊性在于结构高度较高，每个立柱单体必须单独立模。

1. 立柱下部基础位置检查

立柱的设置精度直接影响到铺轨的质量，因此在施工前需对立柱设置位置进行检查，尤其是钢轨接头位置的立柱设置精度。

2. 铺轨基标测设

基标的设置间距为 6m，在施工放样时，必须在信号绝缘接头位置设置加密基标，并做好标记，以指导钢轨接头对位，防止材料浪费。

3. 架钢轨、上扣件

由于检查坑是立柱式的，受到条件限制，对架轨带来不便，根据此情况需在立柱钢筋上放置木枕，保证钢筋稳固。在架设钢轨时必须注意钢轨接头不能落在立柱上，接头应设置在两根立柱中间位置，左右偏差不得大于50mm（避免影响接头夹板安装）。

4. 轨道几何尺寸调整（与横通道及一般短枕式整体道床的轨道几何尺寸相同）

5. 模板支立、安装（与横通道及一般短枕式整体道床的模板支立、安装相同）

6. 混凝土浇筑

由于道床采用的是无轨枕式道床，在浇筑混凝土时，混凝土顶面与板下垫板底面需平齐，保证轨道施工质量。

7. 支撑架、模板拆除，道床整修与养护（与横通道及一般短枕式整体道床的支撑架、模板拆除，道床整修与养护相同）

（三）库内墙式检查坑整体道床施工步骤及监理控制要点

库内墙式检查坑整体道床的施工在工序组织上和柱式检查坑整体基本相同，由于其在具体施工时受到场地限制比较大，以至轨排的架设比较困难，针对其施工的特点，总包单位需制定具有针对性的施工方案。

四、监理预控措施

（一）施工测量控制、整体道床及轨道铺设的施工质量是铺轨工程施工的重点

铺轨施工前要由总包单位提前对基标、限界等进行复测、检查，符合要求方准施工。铺轨时对于轨道的方向、水平、轨距、高低及超高，必须精心调整，保证轨道初始几何形态在验收标准规定的范围以内，提高轨道膨曲临界点，增强线路在升温阶段温度力作用下的稳定性。铺轨时，路基面要预铺底碴并有中心桩；轨道中心与线路中心桩尽量对正，误差不得超过标准。铺岔前要整平岔位，复核道岔位置，道岔导曲线方向圆顺，支距轨距正确，辙叉扳动灵活，尖轨方正密贴。

（二）材料控制

监理工程师需严格进行质量控制，扣件全部采用防腐扣件，全部轨料采购自有资质和业绩的厂家。混凝土轨枕螺旋道钉锚固每1km混凝土轨枕做一组（三根轨枕）抗拔试验，每个道钉抗拔力不得小于60kN。

（三）线路整修

监理工程师需要求总包单位确保轨道远视直线顺直无硬弯；曲线圆顺，无反弯或鹅头，无反超高。钢轨接头配件及其联结配件均应涂油，避免生锈及腐蚀。

（四）成品保护

要求总包单位加强对工人成品保护教育，落实成品保护责任制，重点是道岔的保护。合理安排施工顺序，避免工序间相互干扰，凡下道工序对上道工序会产生损伤或污染的，要对上道工序采取护包或护盖等措施，采用防污薄膜包封轨道扣件，防止混凝土污染扣件。一旦发生轨道扣件成品损伤或污染要及时处理或清除。

五、监理预控后取得的经验成果及效益

（一）监理预控后取得的经验成果

为安全、优质、高效地组织和完成铺轨施工作业，在大连地铁5号线后关村车辆段工程铺轨工程中，笔者作为一名监理工程师参加了由业主单位组织的图纸优化设计参建单位联络会。首先在对测量控制点的布设时提出建议，将地面控制点和CPⅢ控制点位联合布设，根据交接桩点位进行联测，并通过业主单位要求三方测量单位对正线整体道床和车辆段库外碎石道床的整碎过渡段处提前进行联测，保证两家铺轨单位在轨道对接时能将误差控制在最小范围之内，在最终轨道对接时以近"零误差"的成果给业主单位交了一张满意的答卷。

其次在材料的选择上对道砟和轨枕及扣配件的相关厂家进行进场前的考察，并向业主单位提出建议。因大连市为沿海城市，空气湿度较大，在这种情况下对材料的选择需要更加慎重，防止后期运营维保时产生大量的费用。

每道施工工序衔接时做到了事前准备，可以立即开展施工；在每次报验时将现场的问题当场整改合格并要求后续施工时不再出现类似的问题；在施工过程中做到了轨道的成品保护，后期现场无任何返工的情况，受到了施工单位的尊重。

（二）监理预控后取得的效益

在效益上笔者将上述车辆段的铺轨施工及监理经验运用到该项目，在受到业主单位的认可的同时结合施工单位的配合，车辆段铺轨的工期提前了将近5个月，并一次性通过了竣工验收，在监理费上节约了成本，也获得了业主单位颁发的优秀监理的嘉奖。

结语

地铁车辆段作为城市轨道交通建设

中不可或缺的一部分，轨道施工技术是保证质量的关键，但由于总承包单位的施工经验，抑或监理单位的管理经验的不足等多种因素，都会在一定程度上导致施工过程中出现或多或少不可预期的问题，影响工期和施工质量的情况。这就要求监理人员首先要有足够多的铺轨经验，在遇到问题时及时、有效、合理地去沟通并解决，灵活运用地铁铺轨技术和经验建造出政府满意、百姓放心的优质地铁工程。

参考文献与资料

[1] 铁路轨道工程施工质量验收标准：TB 10413—2018[S]. 北京：中国铁道出版社，2019.

[2] 地下铁道工程施工质量验收标准：GB/T 50299—2018[S]. 北京：中国建筑工业出版社，2018.

[3] 铁路轨道设计规范（2023 年局部修订）：TB 10082—2017[S]. 北京：中国铁道出版社，2017.

[4] 铁路碎石道砟：TB/T 2140—2008[S]. 北京：中国铁道出版社，2008.

[5] 地铁设计规范：GB 50157—2013[S]. 北京：中国建筑工业出版社，2014.

[6] 大连地铁 5 号线工程后关村车辆段轨道工程轨道施工方案.

[7] 大连地铁 5 号线工程后关村车辆段轨道工程轨道施工监理细则.

土压平衡盾构穿越富水不良地质施工技术

罗 军

中冶南方武汉工程咨询管理有限公司

摘 要：本文通过盾构机穿越长约120m富水不良地质段工程实例，对土压平衡盾构机在富水较大的炭质泥岩、岩溶发育不良地质段施工中易出现的喷涌、地表沉降问题进行分析，结合施工过程中的掘进参数和地表监测数据，采取了一些措施。通过对该段不良地质加固、掘进参数控制，做好渣土改良和渣土管理，及时跟进同步注浆和二次注浆，能够有效控制喷涌、地表沉降以及成型隧道质量。

关键词：土压平衡盾构；富水不良地质；地层加固；掘进参数；渣土改良

引言

在城市地下轨道交通建设中，土压平衡盾构机普遍应用于岩层、黏土层等自稳性较好、渗透系数较小的地层，还逐渐应用于渗透系数大、水头压力高、软弱易坍塌的富水地层。土压平衡盾构在穿越富水地层过程中，经常遇到渣土改良困难、土仓压力难以控制、出渣量不受控、容易产生喷涌、刀盘结泥饼、易扰动地层引起地表沉降超标等一系列问题，施工难度及风险较高。本文主要目的，是通过对该地层采取相应措施，为类似工程施工提供一定借鉴意义。

一、案例背景

本区间采用盾构法施工，盾构机选用中铁装备制造土压平衡式盾构机。该区间单线长约1.58km，管片标准宽度1.5m，线路平面最小曲线半径为350m，采用1.2m管片，共1080环。区间结构底板埋深26.0~46.0m，最大纵坡为23.5%。

盾构机掘进至854环，盾构刀盘位于860环，隧道位于可溶岩与非可溶岩交界段，地下水量丰富。隧道洞身处于强风化炭质泥岩夹煤、石英砂岩夹泥岩、硅质泥岩之中。结合区域和前期详勘资料，并根据专项勘察钻探揭示，沿线场地上覆土层主要为近代人工填土层（Q_{ml}）、湖积层（Q_l）淤泥质土，第四系中更新统冲、洪积物（Q_{2al+pl}）粉质黏土、黏土夹砾石，第四系残坡积（Q_{el+dl}）红黏土、红黏土夹碎石及残积土。下伏基岩为二叠系下统孤峰组（P_{1g}）强风化炭质页岩，泥盆系五通组（D_{3w}）强—中风化石英砂岩。通过补充

地质钻孔显示地下水头高度在地表以下5m左右。实际掘进过程中，岩层裂隙水发育，盾构喷涌强烈，实测出水量为8~13L/s。

二、主要施工难点

该段地层含水量大，地下水丰富，导致螺旋输送机出口喷涌，螺旋输送机排土困难。为了防止仓内土压骤降，引起地表沉降，采取满仓保压掘进方式，边掘进、边进行排渣。螺旋机上下双闸门开合较小，基本上排出的是水，携带极少部分渣土，难以确保出土量。初步判断，该段地层含有未探明的岩溶水，后来通过微动波速物探验证存在异常区。

盾构在该段掘进时发现掘进参数异常，表现形式为刀盘扭矩大，经常因温

掘进参数比对   表1

参数指标对比	刀盘扭矩	推力	掘进速度
盾构设计参数	5787kN·m	36493kN	最大80mm/min
正常掘进参数	2000~3000kN·m	15000kN以下	15~30mm/min
实际掘进参数	3500~4500kN·m	20000kN以上	10mm/min以下

度过高，造成刀盘驱动停止工作、盾构推力大、掘进速度缓慢。通过对盾构设计参数、正常掘进参数、实际掘进参数进行统计，数据如表1所示。

从参数对比中可以看出来，不良地质条件下对盾构推进的影响。盾构机在该参数下掘进，势必加剧了对地层的扰动，施工中极易引起螺旋输送机出口喷涌、排土困难、盾构超挖，从而导致盾构推进对周边环境产生影响，控制不好会发生盾构前方涌水和地面坍塌。

三、不良地质处置方案

为了解决盾构机在不良地质段掘进中的种种困难，结合现场地质情况，查找相关处理技术材料，分析比对，选定最优方案。

（一）地层加固处理

1. 加固范围及原则

不良地质850~920环进行全断面注浆加固，加固处理范围为隧道边线3m范围内，纵向沿隧道走向每3m一个断面、每个断面布设5个孔。

（1）加固一区范围：盾构隧道底以下3m至隧道顶以上6m。加固一区采用双液浆进行加固，以劈裂、挤密加固为主，对破碎岩体进行加固，以达到加固岩层、降低渗透性的目的，避免由于盾构掘进过程中的水土流失造成地面塌陷。

（2）加固二区范围：盾构隧道顶以上6m至地面。加固二区采用纯水泥浆

进行加固，以填充加固为主，对上方松散岩土进行加固，避免浅层土松散空洞由于盾构掘进扰动造成地表塌陷。

2. 加固质量标准

对地层加固效果采用钻孔取芯为主与压水试验综合方法进行灌浆质量检查。对于加固一区，取芯效果应相对于未加固前岩层破碎情况得到明显改善，加固体的RQD指标明显提高，且不低于75~80；岩层强度不低于1MPa；岩体透水、渗水情况明显改善，质量检查孔压水试验透水率应不大于5Lu，合格率应达到85%以上，其余不合格孔段的透水率最大值应不超过10Lu，或透水率低于原岩层1%视为合格。对于加固二区，钻孔无空洞、松散土体且钻孔取芯后做抗压试验、无侧限抗压强度不低于0.15MPa，或采用标贯试验折算地基承载力不低于150kPa。

3. 加固效果验证

在监理见证下对地层加固试验孔注浆后效果进行钻孔取芯验证。验证情况如下：

（1）验证孔基本情况

验证孔位于853环，在隧道边线外3m，注浆后龄期14天。

通过对注浆前后芯样对比分析：加固一区采用双液浆能与地层较好胶结成型，且具有一定胶凝强度；加固二区采用单液浆注浆后对杂填土、泥岩均无明显改善，较少裂隙填充水泥，加固效果一般。通过试推过程进一步验证，注浆

加固效果相比未处理前，有了较大的改善，未出现喷涌现象（表2）。

（2）加固完成后质量验证：采取方法为取芯强度、压水试验双向验收指标。注浆完成后，按照设计及规范要求频率进行地面钻孔取芯，检验芯样强度。钻孔进行压水试验，通过记录不同深度压水量，检验地层渗透性，检验均合格。

（二）盾构试掘进

不良地质加固完成后，开始恢复试掘进，一是为了验证地表加固效果，二是通过试掘进实际情况，进一步对掘进方案进行优化。

盾构试推参数控制如表3所示。

盾构试推分为以下两个阶段，在这两个阶段中，调整不同的施工参数及控制侧重点。

1. 试推第一阶段（855环）

由于长时间停机，该阶段掘进表现为先脱困，再平缓过渡，最后转为正常掘进。

（1）可适当提高推进力以加大掘进速度，防止喷涌，掘进速度不宜低于10mm/min。

（2）推力维持在不大于22000kN，刀盘转速不大于1.2rpm。

（3）注浆压力控制在2.5~3.5Bar，注浆压力不宜过大；注浆作业时严密注意注浆压力和注浆量变化，注浆量不小于6~7m³/环。

此阶段施工侧重注意土仓渣土改良，调整盾构机的掘进参数，使盾构机的掘进趋于正常化。同时保证掘进方向尽量与原设计轴线方向一致，保证盾构机相对于线路方向处于抬头趋势。

2. 试推第二阶段（856环）

此阶段盾构机处于地层加固注浆区

注浆前后效果比对　　　　　　　　　　　表2

深度	注浆前	注浆后	对比情况
0~5m			该层为杂填土，注浆前采用洛阳铲取出芯样，注浆后芯样较破碎
5~10m			该层为泥岩，注浆材料为水泥浆，注浆后，取芯较完整，可见水泥较少
10~15m			10~12.5m为泥岩，12.5~17m为炭质泥岩夹煤，注浆材料为双液浆，岩芯胶结良好，有较高强度。17~20m为黏土，芯样牙膏状，较完整
15~20m			

试推参数控制　　　　　　　　　　　表3

环号	速度/（mm/min）	推进土压/Bar	停机保压/Bar	转速/rpm	推力/kN	扭矩/（kN·m）
855	10~15	1.5~2.0	1.7~2.0	1.0~1.2	15000~22000	4500以下
856	10~15	1.5~2.0	1.7~2.0	1.0~1.2	15000~22000	4500以下
857	10~15	1.5~2.0	1.7~2.0	1.0~1.2	15000~22000	4500以下

域段，应调整推力、降低推进速度和刀盘转速，控制出土量并时刻监视土仓压力值。

（1）掘进速度稍微减慢，匀速通过，推进速度为10~15mm/min。

（2）推力维持在不大于22000kN；刀盘转速不大于1.2rpm。

（3）注浆压力控制在2.5~3.5Bar，注浆量不小于6~7m³/环。

3.试推总结阶段

在试掘进过程中，虽没有出现螺旋机闸门口喷涌现象，但是排出的渣土和易性较差、渣土呈现离析现象。通过对实际出土量和理论出土量进行统计比较，

开挖仍然存在少量超方。现场针对超方的断面，对应地表位置进行钻孔注浆填充。通过停机分析原因，往土仓内、螺旋机内注入泡沫和膨润土进行渣土改良，只能解决出渣和易性，便于排渣，对于稳定掌子面效果不佳，依然存在开挖超方现象，公司认为必须对刀盘开挖面进行渣土改良。由于刀盘前泡沫管路堵塞严重，疏通刀盘前泡沫管路需要开仓进仓作业。然而掌子面前方地下水丰富、裂隙发育，掌子面不稳定、气压不能持续稳定，无法进行常规常压开仓和带压开仓作业，只能采取填仓常压开仓作业。

（三）掘进方案优化

通过试掘进期间发现的各种问题，对掘进方案进行了优化，主要从施工工艺、渣土改良、出土量控制、同步注浆控制等方面进行优化调整，详述如下。

1.填仓常压开仓施工

该技术适用于在常压下掌子面自稳能力差或地下水丰富的地质环境。该方法向土仓内注入水泥膨润土浆液来封水、稳定掌子面，等土仓内固结体达到一定强度，以无渗漏水、胶结成型稳定为标准，采用人工将仓内泥浆清理出来使仓内具有一定的空间，然后在常压状态下进行刀具更换的施工方法。填仓到关仓期间重点做好盾体、螺旋机的保护措施。通过填仓常压开仓施工技术，其目的一是疏通所有泡沫和膨润土注射系统，保证所有的管路都能正常有效使用；二是清理刀盘上结泥饼，提高刀具切削能力；三是对刀具磨损情况进行检查或更换刀具。

2.渣土改良

渣土改良通过向刀盘面板上、土仓内、螺旋机筒内注入膨润土、泡沫剂等改良剂，利用刀盘和螺旋机的旋转搅

拌，使添加剂与渣土混合，使盾构机刀盘切削下来的渣土具有良好的流塑性、合适的稠度、较低的透水性和较小的摩阻力。

现场对膨润土、泡沫剂、高分子聚合物等添加剂进行试验配比分析：

（1）高黏膨润土按照膨润土：水 =1：6~1：8 充分搅拌后膨化效果较好，静置 24h 后水土未发生离析现象。

（2）泡沫剂经现场多次调配按照原液：水（%）=2.5%，膨胀率 3.0，流量 240~330L/min 显示发泡效果最佳。

（3）高分子聚合物：渣土 =1：80 最优，渣土流动性较好，渣土黏稠度适中，静置一段时间后渣土无离析现象；高分子聚合物的掺量需结合现场实际情况添加，要充分考虑到盾构土仓环境，且可能在长时间停机出现结泥饼等情况。

根据以上三种添加剂试验结果，确定采用高黏膨润土 + 泡沫剂对渣土进行改良，当渣土改良效果不佳时适当添加高分子聚合物。

3. 出土量控制

掘进出土量是掘进过程中需要重点控制的项目之一，很多事故往往是因为出土量没有得到很好的控制，造成出土量超方。出土超方现象在软土地层更容易发生，根据施工经验，出土量一旦超方，会造成地面沉降，因此，施工过程中应严格控制出土方量。

盾构掘进的出土量要求掘进的距离与出土量保持平衡，有时也可能会出现掘进一整环的出土量没有超方，但如果在掘进过程中出现仅掘进 1m，出土量已接近整环的出土量，在后段的掘进过程中操作手为保证出土不超方很可能会刻意地少出土或者不出土掘进，最终出

土可能也不会超方，但前面的掘进已经造成了出土量增多，后面的刻意控制，并不能将前面多出的渣土补救回来，地表沉降现象仍将发生。因此，在土仓内保证一定实土压力的情况下，螺旋机出土速度一定与盾构机掘进速度相匹配，精确到渣斗车每一箱都装满，盾构机向前掘进行程在控制范围，确保盾构掘进不超方。

本区间使用的管片外径为 6200mm，环宽为 1500mm，刀盘的直径为 6440mm，每环的出土量可按以下公式计算：

每环掘进过程的理论出土量

$$V=k \times \pi \times l \times (D/2)^2$$

式中：k 为可松性系数，取 1.3，D 为刀盘直径，取 6.44m，l 为环宽，取 1.5m。

通过计算得到每标准环 1.5m 管片理论出土量为 63.5m³。每环出土量直接反映了盾构机在掘进施工过程中的超挖情况，当超挖较多时，会使出土量骤增。在掘进过程中，必须严格控制每环的出土量，并做好记录，分析原因，采取措施。

4. 同步注浆控制

加强同步注浆的注浆量，试推期间加大砂浆稠度，注浆前检查盾尾密封情况，及时补充盾尾密封油脂，必要时在盾尾塞入海绵条后再注浆，同步注浆压力控制在 2.5~3.5Bar，注浆前需检查注浆管路情况，保证 4 路注浆管路的畅通，注浆完成后及时清洗管路防止堵管。

根据刀盘开挖直径和管片外径，每环同步注浆量可按以下公式计算：

每环同步注浆量

$$V=1/4 \pi \times k \times l \times (D_1^2 - D_2^2)$$

式中：V 为每环注浆量，l 为环宽，D_1 为刀盘直径，D_2 为管片外径，k 为扩散系

数 1.5~1.8。

通过计算得到盾尾同步注浆理论量为每环 3.57m³，根据施工经验注浆时每环应按 5.4~6.5m³ 控制（150%~180%）。同时要求同步注浆速度必须与盾构推进速度一致。注浆控制以注浆压力和注浆量双控指标控制，以注浆压力控制值为主。当注浆量达到理论注浆量，但是注浆压力未达到时，需继续注浆，直到注浆压力达到要求方能终止注浆。

当实际同步注浆量超出理论注浆量较多时，要分析是否出现超挖现象或裂隙通道较发育、掌子面前方或刀盘切口环存在空洞现象，根据掘进出土量和同步注浆量进行分析比对，进行初步判断。

若出土量正常，可以排除盾构超挖，可以判定岩层裂隙通道发育情况；若出土量偏少，说明刀盘切削土体断面不完整，可以判定盾构开挖断面存在空洞；若出土量超方，可以初步判断盾构掘进掌子面不稳或掘进刀盘振动造成盾体四周土体扰动，存在超方。

当出现异常情况，要密切关注该隧道断面监测数据，通过采取地面钻孔注浆、增加同步注浆量、及时跟进二次注浆进行处理，从而有效控制地表沉降监测在预警范围内。

四、不良地质处置结果

本工程通过采取超前地质物探 + 异常区不良地质加固、采用高黏膨润土 + 泡沫剂进行渣土改良、控制掘进参数、监控量测等措施，盾构机安全可控穿越不良地质富水地带，掘进过程中未发生喷涌，各项地表、隧道、周边建筑物监

测数据稳定，均在规范允许预警值范围内，盾构机姿态与管片姿态吻合，管片成型质量较好，盾构机最终顺利完成接收。

结语

盾构机在掘进过程中，出现出土异常、螺旋机闸门喷涌现象，要引起高度重视，若处理不当，很容易引起地表沉降。因此，必须对前方掘进地层进一步进行确认，对周边环境进行调查，制定针对性方案。项目实践表明，通过采取地表注浆加固、渣土改良及控制掘进参数等手段，同时在掘进过程中严格控制好出土量，及时跟进同步注浆及二次注浆，有效地控制了喷涌、地表沉降问题，为类似地下水丰富的地层环境下使用土压平衡盾构法作业提供了一定的实践基础。

参考文献

[1] 中华人民共和国住房和城乡建设部 . 盾构法隧道施工及验收规范：GB 50446—2017[S]. 北京：中国建筑工业出版社，2017.

[2] 宁小平 . 富水地层土压平衡盾构防喷涌施工技术 [J]. 福建建材，2016（4）：85–88.

关于建筑工程资料管理的探讨

韩 丽

山西协诚建设工程项目管理有限公司

摘 要：工程资料是工程的重要组成部分，工程资料的形成过程是一项逻辑性、综合性强的工作，文章结合工程资料具体内容、施工过程中容易出现的问题、易忽视的事项及资料员应具备的素质进行探讨。

关键词：工程资料；容易出现的问题；人员素质及职责

一、工程资料的重要性

工程人员在施工现场，除了依照国家有关建设工程的法律法规、标准规范及施工图纸等要求，检查发现和处理解决质量、进度、费用安全等问题外，还要让这些工作情况在监理资料上真实地反映出来。

它既是全面了解建设工程情况不可或缺的部分，也是建设工程一旦发生质量缺陷和安全事故等问题后，作为原因调查、事故分析乃至认定责任的重要依据。

工程资料是项目机构留下的监理工作记录和痕迹，它不仅是考量项目机构工作质量和业绩的重要依据，也是企业、工程师加强自我保护的有效手段。

二、做好工程资料必须具备的人员素质

在重现场、轻资料的现状下，工程资料的完整、齐全、有效、顺利交付，就需要资料人员具备一定的素质。首先，熟悉国家、省、市城市档案工作法律、法规、政策、规定、标准；其次，必须了解工程，了解项目，看懂图纸，能够比较完整地参与项目；再次，文字组织能力强，善于总结、表达（如填写通知单、联系单用词准确、规范、严谨），工作仔细认真、负责（填写资料严禁出现错别字等低级错误）；最后，不要仅限于眼前的资料，还要不断学习。

三、工程资料应有的内容

随着时代的进步，工程规范、标准及要求的更新，工程资料也在发生着微小的变化，如部分工程报审、报批流程由线下报批更新为线上报批，取消模板拆除检验批报审等。

（一）工程准备阶段文件

①立项文件；②建设用地、征地、拆迁文件；③勘查、测绘、设计文件；④开工审批文件；⑤招标投标及合同文件；⑥财务文件；⑦建设、施工、监理机构及责任人文件。

（二）监理文件

①监理管理资料；②进度控制资料；③质量控制资料；④造价控制资料；⑤合同管理资料；⑥分包资质报审资料。

（三）施工文件

①施工管理资料（工程开工报告、竣工报告、竣工验收证明书、工程质量事故报告及处理记录、施工日志）；②施工技术资料，如施工组织设计（方案）审批、专项施工方案论证意见书、技术、安全交底记录、设计变更通知单、工程洽商、联系单等；③质量控制资料（工程测量放线、沉降观测记录、原材

料、构配件、设备出厂质量证明文件、施工试验报告及见证检测报告记录）；④质量验收资料（检验批、分项、分部、单位工程验收等）；⑤安全资料。

（四）竣工图

①工程总体布置图、位置图，地形复杂者并附竖向布置图；②建设用地范围内的各种地下管线工程综合平面图（要求注明平面位置、高程、走向、断面，跟外部管线衔接关系，复杂交叉处应有局部剖面图等）；③各土建专业和有关专业的设计总说明书；④建筑专业竣工图；⑤结构专业竣工图；⑥设备专业竣工图；⑦电气专业竣工图。

（五）竣工验收资料

①工程竣工总结；②竣工验收记录：建筑安装工程单位（子单位）工程质量竣工验收记录，竣工验收证明书，竣工验收报告，竣工验收备案表（包括各专项验收认可文件），工程质量保修书；③财务文件：决算文件，交付使用财产总表和财产明细表；④声像、微缩、电子档案：工程照片，录音、录像材料。

四、工程资料中实际遇到的问题探讨

1. 工程开工进行开工报审过程中，常常容易忽视开工报告、工程开工报审表、施工现场质量管理检查记录和工程开工令的时间先后顺序，根据规范及相关要求，应为：施工现场质量管理检查记录、开工报告、工程开工报审表。工程开工报审表报审后，一周内监理机构总监理工程师签发工程开工令，同意开工（开工报告为申请，开工令为执行令）。

2. "建筑工程资料表格"填写范例与说明书，《建筑工程施工资料管理规程》DBJ04/T 214—2015、《建筑工程施工质量验收规程》DBJ04/T 226—2015 没有总包单位资质报审表，实际每个项目的开始都需要报审总包单位资质及人员资格，对此问题，一般将分包单位资质报审表、施工方案报审表或工程报审表进行更改使用，进行总包资质报审。

3. 根据《建设工程监理规范》GB/T 50319—2013 要求，部分工程资料需要加盖总监理工程师执业印章，但实际施工中容易遗漏此项程序，先总结需要加盖总监理工程师执业印章的资料：①工程开工报审表；②工程开工令；③工程暂停令；④工程复工令；⑤施工组织设计（方案）报审表；⑥单位工程竣工验收报审表；⑦工程款支付报审表；⑧工程款支付证书；⑨工程临时、最终延期报审表；⑩费用索赔报审表。

4. 土建作业施工过程中，混凝土施工及试块留置记录是结构施工中一项重要文件，对于混凝土试块留置有明确要求但大家又容易忽视，根据《混凝土强度检验评定标准》GB/T 50107—2010 要求，当混凝土强度等级低于 C60 时，当采用非标准尺寸试件时，应将其抗压强度乘以尺寸折算系数，折算成边长为150mm 的标准尺寸试件抗压强度，尺寸折算系数按照以下规定采用：①标准试块边长 150mm 立方体取 1；②对边长为 100mm 的立方体试件取 0.95；③对边长为 200mm 的立方体试件取1.05。由于在施工过程中，最常见的试块边长为 100mm 的立方体，所以在进行混凝土试块评定过程中，必须将抗压强度值乘以折算系数，方可得到正确的评定结果，以便于后续施工工序的开展。

5. 根据"建筑工程资料表格"填写范例与说明书钢筋工程新增钢筋连接接头检验批报审程序，极其容易与钢筋分项工程混淆，钢筋分项工程包括钢筋原材料、钢筋加工、钢筋安装，钢筋连接分项工程包括钢筋的各种连接检验批（如钢筋的直螺纹连接、钢筋套筒连接、钢筋焊接等检验批）。

6. 工程实际施工过程中，工程质量得到保障的重要条件之一就是把好材料关，工程材料合格是工程合格的前提，工程主材使用前不仅要有质检报告及合格证，还要经过选定试验室的复检，复检合格后，方可使用。在施工过程中，哪些材料必须进行复检是每个工程资料人员必须知道的知识点。先将此项总结如下：

（1）主体阶段：①室内外回填土（若地基处理，也需送检）；②防水材料（基础、外墙、屋面、卫生间）；③钢筋原材；④钢筋接头；⑤混凝土试块（桩、基础、主体、地面）；⑥砂浆试块；⑦加气混凝土砌块、粉煤灰砖；⑧钢筋保护层扫描（若冬期施工也必须单独做一次，不和基础主体共同使用）；⑨植筋拉拔；⑩混凝土强度回弹（冬期施工完成后，第二年复工时，进行试验）。

（2）节能送检项目：①屋面保温材料；②外墙保温，如保温板、网格布、抗裂砂浆、粘结砂浆、锚栓拉拔、钻芯、玻化微珠（外墙、内墙都涉及）；③地面挤塑板；④地暖管、暖气片；⑤电线、电缆；⑥窗户（五性试验）；⑦幕墙；⑧空调保温。

（3）钢结构送检项目：钢材，焊接材料，高强度大六角头螺栓连接副，扭剪型高强度螺栓连接副，高强度螺栓、钢结构防火涂料。

五、工程中普遍存在的问题及其编写整理要求

工程日志，主要记录当日工程施工情况，但工程人员素质参差不齐，对工作程序理解不详，每天忙于应付和处理工地上的事务，造成重外业、轻内业，对工程日志的记录不重视。合格的工程日志应该包括：时间、气象信息；现场施工部位、施工劳动力进度情况（或停水、停电、停工等）；现场工程质量巡视情况及处理记录；原材料、半成品抽样见证取样情况；工程材料、构配件、设备及大型施工机具进退场情况（包括数量、使用部位、验收手续等）；检验批、分项、分部、单位工程验收情况（包括参加人员、检查发现问题及处理情况）；工程隐蔽情况；现场安全生产检查内容及处理情况；重要事件，如各类指令、设计变更、会议的简述及索引、质量及安全事故等；上级主管部门及公司领导巡视情况及其他情况。应特别注意当日发生并已及时处理的问题；当日处理的此前遗留问题；当日发生而未能及时处理、计划日后处理的问题，均应于当日记录，以保持工程日志的连续性，做到前后呼应，促使所有发生的问题必定都有处理结论。

结语

工程资料是一项不断学习、不断摸索、不断发现问题、不断解决问题、不断完善、不断提高的工作，随着工程技术的进步，工程资料也在不断更新，需要我们发现不足，改正，继续前行。

参考文献

[1] 山西省住房和城乡建设厅.建筑工程施工资料管理规程:DBJ04/T 214—2015[S].北京:中国建材工业出版社, 2015.

[2] 山西省住房和城乡建设厅.建筑工程施工质量验收规程:DBJ04/T 226—2015[S].北京:中国建材工业出版社, 2015.

[3] 中华人民共和国住房和城乡建设部.建设工程监理规范:GB/T 50319—2013[S].北京:中国建筑工业出版社, 2013.

[4] 中华人民共和国住房和城乡建设部.建筑工程施工质量验收统一标准:GB 50300—2013[S].北京:中国建筑工业出版社, 2014.

浅析定向钻在供热管网工程中的应用

孙秀峰

西安四方建设监理有限责任公司

摘　要：随着中国经济的高速发展，城镇化步伐持续加快，政府职能部门也在持续强化对城市基础设施的投资和监管。城市市政建设中道路纵横管网交错，大多数城市地下 3m 内管网线路密集，后续改造施工难度大，因此，新工艺就有了用武之地，本文结合实际工程对定向钻在热力管网中的应用进行分析，希望对后续类似工程实施起到借鉴作用。

关键词：定向钻；施工工艺；供热管网；质量控制

引言

在城市发展规划中，新供热管线布设和老旧供热管线改造迭代，造就了市政工程供热管网建设项目增多。由于供热管道施工的特点和技术功能要求，在施工中会遇到地下各类障碍物的阻挡，传统的开挖方式已经不能满足建成区路段施工需要[1]；需要使用合理的方式对管线进行敷设，这给施工提出了新课题。水平定向钻以其对施工破坏小、便捷、速度快的优势，在各管道施工项目中得到了大量应用。本文结合项目工作经验浅析水平定向钻在供热管道建设中的应用。

一、工程概况

本工程为眉县县城区供热清洁化改造项目，项目位于眉县凤泉路东侧，从首善街十字东北口至安阳街十字东南口，管线总长度约 1km。管道采用供、回双趟直埋型聚氨酯保温螺旋焊接钢管，设计管道规格管径 426mm，7mm 厚，保温后管径 530mm。管道内介质为地热水，水温 50~60℃。

二、施工方法选择

原设计为开挖直埋，该位置为繁华地段，车流量大，且中间穿越 3 个十字路口，地下管线较多，有多条重要信号光缆，开挖施工不现实。经过与设计院充分沟通，确定改用定向钻，其能够在管线穿越城区繁华路段时，减少对周围居民、商业等活动以及上部管线造成的影响。

三、定向钻暗挖施工工艺及操作要点

施工工艺流程为：地下管线探测→出、入钻位置确定→钻机进场及固定→导向孔施工→扩孔→管道焊接及回拖→管口处理及场地恢复。

（一）地下管线探测

结合城建部门提供的原始图纸及现场探测了解已有管线分布。沿凤泉路东侧有自来水、天然气及污水管网等，安阳街、美阳街十字路口有重要通信光缆，各十字路口管网交错，具有 1 号能源站、4 号能源站用户侧主管道经过。经过详细探测统计形成物探统计表及相关图纸。结合图纸、现场情况分析，并综合考虑路面安全、管道安全距离及抗干扰等方面，确定定向钻钻孔中心距离路面高度为 5m。

（二）出、入钻位置确定

该部分划分三钻施工：第一钻 J2–J1，$L=278.0m$；第二钻 J2–J3，$L=456.0m$；第三钻 J4–J3，$L=265.0m$。回拖方式：第一钻一次性回拖（可借用辅道为焊接场地），第二钻四接一回拖（场地受限），第三钻三接一回拖（场地受限）。

（三）钻机进场及固定

由于施工场地入钻点位于眉县凤泉路东侧停车位，施工前需将停车位里的车辆全部清空，才能满足施工条件。钻机作业场地布置、设备包括定向钻机、泥浆搅拌罐、泥浆搅拌输送系统、发电机组、钻杆堆放场地、钻具堆放场地等。

为了保证钻机的稳固，需要将钻机放置在铺好的钢板上，钻机前板需要放置地锚板，地锚板周围开直径170mm的地锚孔，并将准备好的地锚杆（地锚杆规格：直径160mm，长度2.0m）用挖机压入土中来保证稳定。根据穿越入土点、入土角度和钻机架设高度等因素，确定锚固坑位置。安装时应采用合格的测量设备进行准确定位。

（四）导向孔施工

钻具组合是：5-1/2″导向头及102钻杆，控向设备采用猎鹰导向仪，进行准确跟踪定位。

控向导向孔的精度是定向钻管道穿越工程成功与否的最关键一环，直接关系到主管回拖是否顺利。开钻前仔细了解分析地层情况，确定导向孔穿越层位与轨迹。在导向孔施工时，导向人员应严格按照预先设计的轨迹进行钻进，如果出现偏差及时进行调整纠偏。施钻人员在施工过程中应注意观察所有环节，分析相关参数，与线路上导向人员密切配合联系，保证导向孔按照设计轨迹进行施工。导向孔施工要及时对照相关地质资料及设备仪表参数，综合分析成孔情况，以达到按预定目标准确完成导向孔的目的。

（五）扩孔

当钻头沿着预定位置完成导向钻孔后，拆除导向钻具连接扩孔装置，试验喷射泥浆检查，满足要求后开始扩孔作业。本次穿越采用二级扩孔、一级洗孔的方式进行，为了防止钻具发生意外，在条件允许的情况下都需要后接钻杆，便于无法扩进时从出钻点捜出钻具。选用102钻杆进行预扩孔。

针对本工程相关资料，确定扩孔级别如下：第一级用DN450挤扩式扩孔器完成预扩孔；第二级用DN550挤扩式扩孔器完成预扩孔；第三级采用DN650挤扩式扩孔器完成预扩孔；第四级采用DN750挤扩式扩孔器完成预扩孔；第五级采用DN750桶式扩孔器完成洗孔、终孔。

在每级扩孔施工中（图1），要仔细观察记录扩孔情况。发生扩孔不顺畅等现象时，要及时进行洗孔。根据地质报告、现场情况结合上一级扩孔情况，最终合理确定下一级的扩孔尺寸、扩孔器喷水嘴布置和直径等参数，以保证孔道内泥浆的压力和流速，从而提高泥浆携渣能力和效率，避免孔道内沉渣堆积。

（六）管道焊接及回拖

1. 进入现场的验收合格的管材依次编焊口编号，登记好管号及施焊焊工号码，已破损和不合格产品严禁使用。管道焊接完成且焊口检测合格后，做好焊口防腐和保温工作。为保护管道保温层质量不受回拖的损坏，应按规定在热熔套接口的拖拽方向前方加设防护缠绕保护层，确保回拖管道时保温层的质量。在拖拽方向最前端焊接专用回拖管口装置。

2. 回拖是定向钻穿越施工时最关键的一步（图2），本段回拖方式为一次性回拖和多接一方式结合进行。管道回拖选用的钻具依次为：102钻杆、DN750桶式扩孔器、50t万向节和穿越管线。管道回拖施工时必须连续进行，以避免因长时间暂停造成回拖阻力增大而卡管，管线回拖前要认真检查各连接部位是否可靠，具体如下：每根钻杆使用前用泥浆冲洗干净，以保证钻杆孔道内无杂物

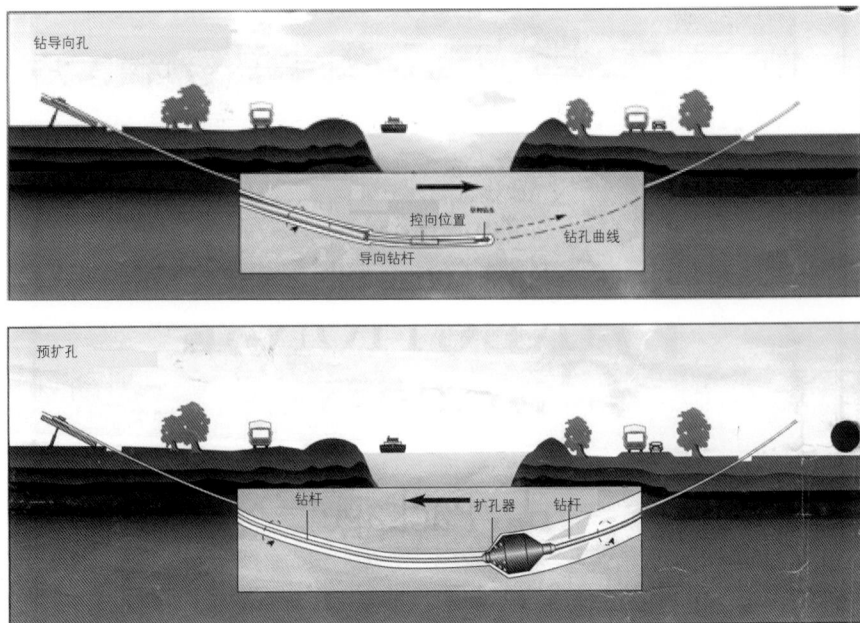

图1　水平定向钻预扩孔

阻塞；钻杆连接后要进行试喷，确保各出水嘴畅通，无阻塞损坏；旋转接头内应注满油脂润滑，确保旋转良好[2]；回拖前对设备钻具进行保养和维修，尽可能避免回拖过程中出现设备故障，其中钻杆、钻具要进行无损检测后方能使用。

3. 在回拖时，技术人员还应该随时关注钻机设备的数据情况、扭矩、拉力等，并依据数据对各种情况做出相应的预判，从而指导下一步进程。回拖需要先完成第一根管道回管，移动钻机至第二根管道位置定位后进行下一步施工。

4. 作为管道定向钻施工的最后环节，回拖作业的成功与否决定着这段定向钻施工的成败。在回拖前的所有工序（如导向孔作业及扩孔、洗孔作业）不仅要求其质量，也要注意工序连续，避免长时间停滞。

受各方面因素的影响，回拖准备与实施阶段孔道的情况发生变化（如孔壁塌方、局部缩孔等）会造成回拖卡钻现象，尤其是在管径比较大的管道回拖施工中，很容易出现卡钻意外。因此，在回拖实施前必须做好管道解卡的相关准备措施。

5. 在管道回拖实施过程中如出现回拖力增加至超出正常拉力的安全范围，则可以判断为管道在孔道内发生孔壁塌方致使产生卡管现象。若发生这种情况，要及时在管道末尾安装顶管设备助力，使管道受到顶管机的协助摆脱受损孔道的约束，以达到继续进行施工的目的。在热力管道定向钻穿越的过程中，使用顶管机帮助回拖的措施屡屡成功，此方法能有效解决卡钻问题。

6. 若采用顶管机协助仍然不能解卡，则可判断穿越孔洞内坍塌现象比较严重，需要及时使用动滑轮组与回拖管道的尾部连接，将管道从孔道内脱出，防止管道长时间滞留在孔道从而使解卡难度增加。使用滑轮组配合进行解卡如图3所示。

（七）管口处理及场地恢复

拖管完成后出、入钻两边管口需要连接相应管件（如阀门、补偿器、弯头等），并立即连接封闭；如无法立即封闭则需要用盲板或塞口塞牢管口，防止泥浆倒灌进管道内。保温层用热缩带封闭，防止泥浆浸泡影响保温质量。

定向钻穿越施工过程中，由于场地有限，现场泥浆需要采用专用吸污车运至施工现场过滤后二次利用。施工完成后，剩余的大量废弃泥浆需要集中处理，以达到环保要求。

用完后的泥浆通过废浆坑收集，做沉淀处理，再经过泥浆回收系统重复利用，多余的泥浆和泥浆残液用泥浆罐车送到专业处理场所。泥浆池直线间隔排列布置，并做好防漏措施，防止泥浆对周围环境造成污染，且应达到当地环保部门的要求标准。

四、施工质量控制要求

（一）施工前的准备

1. 设计审查与图纸标注

设计单位应详细标注施工区域的市政管道，以便施工时起到参照作用，将安全隐患降到最低。在施工平面图上，应尽可能详细地标明地下管线的位置、埋深、材质等信息。

2. 地质勘探与风险评估

细致做好物勘、复测、记录及对比工作，取得第一手物探、地质情况资料。对于复杂地质条件，如建筑物、构筑物及河流等，应进行详细的地质勘探，并

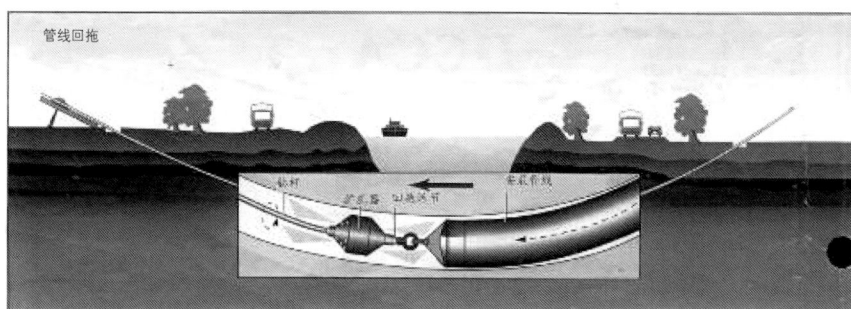

图2 水平定向钻管线回拖

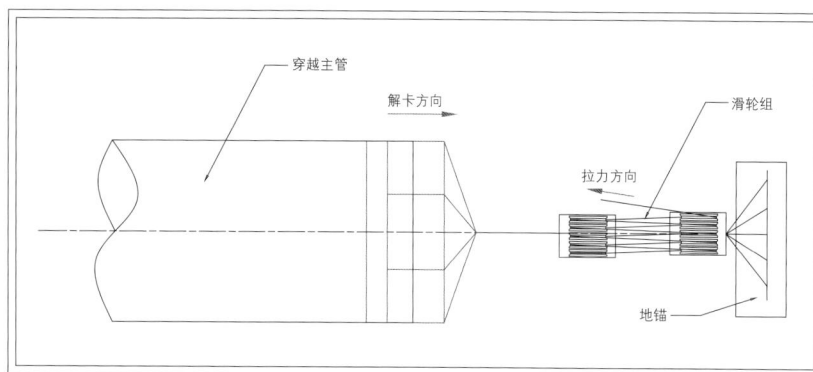

图3 滑轮组安装使用示意图

根据勘探报告进行穿越轨迹的设计施工。

3. 设备与机具检查

做好钻机设备机具的检查工作，保证设备和机具良好的工作性能。泥浆的配制与使用工作应严格按照设计要求进行，确保泥浆的质量和性能满足施工需求。

（二）施工过程中的操作规范

1. 导向孔钻进

钻机组先进行空载试用，确定正常运行后再实施钻进。第一根钻杆钻进时，应采取慢转轻压的工作原则，平稳钻进到预定位置，且控制入土角度满足设计要求。钻孔施工时匀速进行，并把控钻进力度和钻进方向。每钻进一根钻杆，应进行距离、深度及位移等数据的观测记录分析，出现偏差应及时纠偏[3]。

2. 扩孔施工

扩孔时要回拖扩孔，检查扩孔器与钻杆是否可靠连接。根据管道直径、管道允许曲率、扩孔器型号及地质情况等确定扩孔方式，扩孔时每次回扩的级差应控制在规范及要求范围内。严格控制回拖力、旋转速度、泥浆流量等重要技术参数，保证成孔稳定性和线形达到设计要求。

3. 回拖管道

回拖管段与相应附属设施连接需要联合检查验收合格，才能进行拖管施工。

严格控制钻机相关技术参数，数据及时统计报告，严禁生拉硬拖。在回拖过程中，应有发送设备，防止管道与地面设施接触，以减小摩擦阻力。

（三）施工后的质量验收

1. 钻孔直径与偏差

定向钻钻孔的直径应在设计要求范围内，并且保持均匀。钻孔壁面距离目标轴线的最大偏差不得超过设计规定的要求。

2. 钻孔深度与速度

钻孔深度应符合设计参数要求，且保持钻孔深度均匀，不能起伏。钻进速度要符合设计及地质环境要求，不得过快或过慢。

3. 岩屑清理与钻具检查

应保证岩屑清理干净，不得有岩屑残留在钻孔壁面上。定向钻机钻头、钻杆等工作部件的安装应确保密封，无松动现象。

4. 管道质量检验

管道、防腐保温层及外护管等材料的质量符合图纸设计及国家相关规定要求。管道回拖后的线形应满足设计及国家相关规定要求。

五、采用定向钻施工的效果

（一）提高施工效率

快速穿越障碍物：定向钻技术可以从地下垂直轨道钻过去，即使需要贯穿建筑物、道路等障碍物的管道，也能够轻松施工，避免了传统开挖方法在这些区域施工中的困难。

缩短工期：由于减少了地面开挖和回填的时间，定向钻技术可以显著缩短供热管道的施工周期，提高施工效率。

（二）减少环境影响

降低破坏性：传统施工方式无法避免破坏地面，影响市容和居民日常生活。而定向钻施工可以减轻对交通、市容的影响，减少对周边环境的破坏。

环保节能：在热力管道施工中，使用定向钻可以免除冬季寒冷天气条件下地面冻结对施工造成的影响，同时减少施工过程中的噪声和粉尘污染。

（三）降低施工难度

适应复杂地形：定向钻技术能够适用于各种复杂地形，包括河流、湖泊、山地等难以开挖的区域，降低了施工难度。

减少开挖量：相比传统开挖方法，定向钻施工所需的开挖量大大减少，降低了施工成本和难度。

（四）提高施工质量

精确控制：定向钻可以进行定点开挖，管道的埋设深度和角度非常准确，避免了管道安装过程中的各种误差，大大提高了施工质量。

减少后期维护：由于施工质量高，减少了管道因安装不当而出现的泄漏、断裂等问题，降低了后期维护成本。

结语

总而言之，随着城市建设水平的不断提高，市政基础设施配套建设投入增加，其建设速度和质量要求越来越高，因此，在这些进程中我们越要注重新技术的应用，充分运用定向钻施工技术，并总结其中存在的问题，不断反思，采取针对性的解决措施，充分发挥定向钻施工工艺的优势效果，提高供热管网建设的质量，为改善人居环境贡献力量。

参考文献

[1] 黄敏智. 非开挖定向钻施工技术的应用研究 [J]. 城市建筑空间, 2022, 29 (S2): 533-534.

[2] 朱建华. 非开挖定向钻施工技术探讨 [J]. 江西建材, 2019 (12): 153-154.

[3] 刘旺兵. 水平定向钻施工质量控制研究 [J]. 化工管理, 2019 (29): 157-158.

基于 BIM 技术施工管理的优化实践

廖　裕

湖南长顺项目管理有限公司

摘　要： 施工管理的优化对于确保项目成功至关重要。本文结合 BIM 技术在施工质量管理中的应用及施工项目成本控制中的风险应对策略，阐述了施工管理在质量管理、进度与成本管理、安全管理方面的优化实践。质量管理涵盖 BIM 技术的关键作用、质量问题解决实践及优化路径探索；进度与成本管理强调 BIM 技术对施工进度的优化及成本控制中的风险识别与应对；安全管理探讨 BIM 技术在风险识别预警与物联网结合排查隐患方面的应用。通过综合分析，为施工管理提供全面优化思路与方法。

关键词： 施工管理；BIM 技术；质量管理；进度与成本控制；安全管理

引言

在当今建筑行业蓬勃发展的背景下，建筑工程项目的规模日益扩大，复杂性也不断攀升。传统的施工管理方法在面对日益增长的质量控制、进度管理以及成本控制等需求时，逐渐显露出其局限性。例如，在质量控制方面，传统管理方式难以实现对施工过程的全面、实时监控，容易导致质量问题在施工后期才被发现，从而增加返工成本，延误工期；在进度管理上，缺乏精确的计划编排和动态调整机制，难以应对施工过程中的各种变化和不确定性；成本控制方面，由于无法及时准确地掌握材料价格波动、工期延误等因素对成本的影响，常常导致项目预算超支。

为应对这些挑战，建筑行业积极探索新的技术和管理方法。BIM（建筑信息模型）技术的出现，为施工管理带来了新的机遇。BIM 技术以其三维可视化、信息集成等强大功能，在施工管理的各个环节展现出巨大的应用潜力。同时，在施工项目成本控制中，通过有效的风险识别与应对策略，能够更好地应对材料价格波动、工期延误等风险因素。本文将深入探讨 BIM 技术在施工质量管理中的应用以及施工项目成本控制中的风险应对策略，旨在为施工管理的优化提供全面、系统的参考，推动建筑行业施工管理水平的提升。

一、BIM 技术在施工质量管理中的关键作用

（一）BIM 技术在施工质量控制中的核心功能分析

在施工质量控制中，BIM 技术发挥着至关重要的作用。BIM 技术通过三维模型的构建，使项目的每一个构件和环节都得以清晰呈现，实现了施工流程的可视化管理。以某高层建筑项目为例，BIM 模型可以详细展示钢结构、混凝土墙体等构件的具体尺寸、位置及材质要求，确保施工团队按照精确的标准进行

搭建。在模型的帮助下，各种细节在施工开始前便得以确认，减少了在现场调整的需求。BIM 技术支持多种施工模拟和干涉检查功能，这对于识别设计缺陷和潜在的施工冲突具有重要意义。例如，通过模拟管线、支架的布置情况，提前发现结构间的空间冲突，避免返工。这些功能显著提升了施工阶段的质量控制水平，帮助施工单位在早期就发现问题并进行有效调整，保障施工的顺利推进。

（二）BIM 技术如何提高施工过程中的精确度和可视化效果

BIM 技术通过精确的数据集成和实时可视化功能，显著提高了施工过程中的精确度。在具体的施工过程中，BIM 模型不仅提供了各构件的详细参数，还集成了实时更新的数据，使施工人员能够随时掌握现场的精确状态。例如，建筑项目的现场工地数据可以通过 BIM 平台进行更新，相关的材料信息、安装进度等都在模型中得到反映，实现了对工序的精确控制。BIM 的可视化功能使管理人员在施工现场能够清楚地查看每一阶段的进度与细节，避免因沟通不畅带来的误解与偏差。通过与全站仪等测量设备的实时联动，BIM 还能够进行高精度定位，对构件安装的误差进行及时纠正，确保施工符合设计规范。可视化和数据精度的结合让管理更加高效，从而在施工中提升了质量管理的严谨性。

二、BIM 技术在解决施工现场质量问题中的实践

（一）常见施工质量问题的 BIM 解决方案分析

在建筑工程施工中，常见的质量问题包括混凝土构件的裂缝、钢结构节点安装偏差、管线交错冲突等。这些问题不仅影响施工进度，还增加了返工成本。以某高层住宅项目为例（表1），该项目在施工过程中通过 BIM 技术有效解决了这些质量问题。BIM 模型在施工前期模拟了混凝土浇筑和养护过程，利用三维可视化展示混凝土构件的受力情况和温度分布，确保施工人员能够按照规范进行浇筑，从而避免了裂缝问题。BIM 技术在钢结构安装阶段进行了节点碰撞检测，提前识别了可能产生偏差的位置，使安装误差得以纠正。管线布置问题则通过 BIM 的多专业协同模型进行优化，水电、通风和暖通管线的布置都得到了合理安排，减少了管线交错导致的空间冲突。BIM 模型中设定的质量控制参数能够实时反映施工进展，使施工团队在每个节点上进行质量自检，确保施工精度符合设计要求。这种基于 BIM 技术的质量管控手段显著降低了项目的质量缺陷率。

（二）基于 BIM 技术的质量问题追溯与防范机制

BIM 技术不仅帮助识别和解决施工过程中的质量问题，还为后续的质量问题追溯和防范提供了系统化支持。在该高层住宅项目中，BIM 模型记录了每一项构件的设计、施工和验收过程数据，为项目全周期的质量追溯提供了详细依据。例如，模型中保留了混凝土浇筑时间、养护温度和湿度等数据，当出现质量问题时可以迅速追溯到施工过程中的具体参数。通过 BIM 模型中的数据记录，项目团队还能够分析质量问题发生的原因，提出相应的改进措施。BIM 技术还通过制定质量控制清单，在模型中标识出施工中的关键检查点，使施工人员能够严格按规范进行操作。通过质量问题的提前识别、数据化的追溯分析以及防范清单的建立，BIM 技术使得施工质量管理的预防性和系统性得到了提升。最终，BIM 技术实现了质量问题的闭环管理，在提高施工效率的同时也保障了项目的整体质量。

三、BIM 技术在施工质量管理中的优化路径探索

（一）BIM 技术与信息化工具协同优化质量管理的实践

在质量管理过程中，BIM 技术与其他信息化工具的协同应用能够进一步提升管理效率和准确性。以某大型商业综合体的施工项目为例，项目团队通

高层住宅项目施工质量控制关键参数   表1

控制环节	参数描述	数据值	单位	数据来源
混凝土浇筑	浇筑温度	25	℃	现场监测
	浇筑速度	0.75	m³/h	项目施工记录
混凝土养护	养护湿度	80	%	BIM 传感器数据
	养护天数	7	天	项目施工日志
钢结构安装	节点偏差允许范围	±5	mm	《钢结构焊接规范》GB 50661—2011
	节点碰撞识别数量	8	次	BIM 模型冲突检测报告
管线布置	管道交错识别数量	3	次	BIM 多专业协同模型
质量控制检查点	检查点数量	15	个	BIM 模型质量控制清单
	返工次数	2	次	施工记录
项目整体合规性	检查合格率	98.5	%	项目验收数据

过 BIM 与 BIoT（建筑物联网系统）结合，对施工全过程进行智能化质量管理。BIM 模型将项目的各项质量标准嵌入模型中，与物联网传感器相连接，实时监控施工质量参数。在混凝土浇筑环节，BIoT 传感器记录了实时温度、湿度等信息，确保混凝土在最佳条件下完成浇筑和养护，系统会自动将数据同步至 BIM 模型并进行分析，如发现偏差，系统会立即发出警报以便及时处理。项目团队还利用移动端应用程序将 BIM 模型与施工现场直接联通，管理人员通过平板电脑便可随时查看各构件的具体状态、设计参数与施工工序，实现了快速响应和决策。信息化工具还包括质量检查表的电子化管理，每个施工工序完成后立即生成报告并上传至 BIM 系统进行存档，确保每个环节符合质量标准。

（二）BIM 驱动下的施工管理创新应用实例

在施工管理的各个环节，BIM 技术的创新应用带来了前所未有的效率提升和成本优化。以某商业综合体项目的地下停车场施工为例，项目采用了 BIM 与无人机、VR（虚拟现实）等新兴技术相结合的管理模式。BIM 模型在地下停车场的结构和管线布置中发挥了核心作用，模型通过高精度的数据指导施工进度，使得各项工序的衔接更加精确。无人机结合 BIM 模型进行了定期的现场扫描，生成高分辨率的三维图像，与 BIM 模型的数据对比，管理团队可以快速确认施工与设计的符合度。施工中，VR 技术用于复杂区域的交底培训，工人们通过 VR 眼镜预览施工步骤及安全注意事项，提高了对高难度工序的熟悉度。BIM 系统还集成了成本和工期数据，施工进度和成本状况在模型中实时更新，使管理人

员清楚掌握项目的资源消耗情况，优化了人力和材料的配置。每一阶段的施工成果在模型中实时记录，形成了精确的数据链条，既为施工后的验收提供了依据，也使质量控制的全过程透明。BIM 驱动下的施工管理创新不仅提高了项目整体的管理水平，更为未来类似项目积累了宝贵的管理经验。

四、施工项目中进度—成本风险控制与 BIM 优化路径探索

（一）利用 BIM 技术优化施工进度

在施工项目中，工期延误常致使成本显著增加，如某市地铁建设项目，初期未充分考量地质条件与施工难度，致使后期工期延误。原计划两年完成，却因土壤问题和地下管线改造难度大，工程进度滞后，工期延长。这不仅使人工成本增加，还导致管理费用和资源浪费，设备租赁合同延期致租赁费用上升，施工管理不善造成人力资源浪费与重复作业，进一步加剧成本超支。为弥补损失，项目管理团队投入更多资金加班赶工。此类问题凸显施工项目管理短板，尤其是初期规划与风险评估不足，导致项目执行中无法及时应对突发问题，引起成本剧烈波动。

面对这一情况，BIM 技术为施工进度与成本控制带来新契机。在大型商业综合体建设项目中，BIM 模型通过施工进度模拟实现流程可视化，清晰展现工序衔接关系，为施工安排提供路径。借助 4D-BIM 技术结合时间轴，管理人员可直观评估进度、预测资源需求并识别工序冲突。施工节点实时更新，保障工序按计划进行，且通过逻辑分析提前规避进度拖延问题。BIM 系统对比现场与

模型数据，依差异调整工期计划，增强进度控制精度，降低成本上升风险，为项目顺利实施奠定基础。

（二）基于 BIM 的成本管理与预算控制

BIM 技术在成本管理和预算控制上展现了强大的集成能力。以该商业综合体建设项目为例，BIM 模型在初期便通过构件的精确信息将各类材料、设备的数量和规格记录在案，为项目预算提供了可靠的参考数据。通过 5D-BIM 技术，项目的成本信息与时间进度相结合，形成了动态成本分析系统，使得成本变动可以随时追踪和调整。在施工过程中，BIM 模型通过对现场材料使用情况的实时反馈，有效避免了材料浪费和超额采购。各类构件的实时信息更新使得预算执行情况透明，通过模型分析可以发现潜在的超支因素，例如材料市场价格波动或工序调整带来的成本变化。BIM 还支持不同施工方案的成本对比，通过模拟方案选择找到最具性价比的施工路径。结合项目中实际使用的物资和工时消耗，BIM 技术实现了预算控制的精准化，为项目的成本管理提供了科学依据，同时也减少了返工和资源浪费的可能性。

五、施工项目风险管理：BIM 技术助力安全管理与风险识别方法优化

（一）施工项目前期风险评估与施工过程中 BIM 技术的作用

施工项目前期，风险评估与可行性研究对项目顺利实施意义重大，以某市市政道路建设项目为例，前期若缺乏全面风险评估，虽有基本市场调研和规划设计，但因未充分考量地质、环境及施

工难度，后期施工易出现诸多不可预料风险，像土壤承载力不足、地下管线排查不清，影响基础施工推进。而 BIM 技术在安全管理方面发挥关键作用。BIM 模型凭借三维可视化呈现施工区域各类信息，为安全风险识别提供数据支持，其仿真模拟功能可评估不同阶段安全风险，提前识别危险点，如深基坑开挖时模拟地层变形预估沉降风险，保障周边建筑安全。同时，BIM 能动态监控人员和设备作业，结合施工进度生成实时预警，标注风险点，方便管理层干预，为施工团队提供有效安全防范措施，提升项目安全管理水平。

（二）基于 BIM 和物联网的安全隐患排查与施工现场监控优化策略

在施工管理中，BIM 技术与物联网的结合为安全隐患排查和施工现场监控带来了显著优化。

在地下综合管廊项目中，物联网传感器布置于关键区域，与 BIM 模型实时联动，监控环境信息。其收集温度、湿度、气体浓度等数据并与 BIM 安全标准对比，超范围时系统预警，以便及时处置。同时，二者联动可识别设备及材料堆放隐患，监控塔式起重机运行确保安全。此外，实现人员精确的定位和动线管理，防止人员滞留高危区，特殊工序时限制进入。这使得安全风险管理更主动高效，降低隐患对项目的影响。BIM 和物联网设备实时追踪工程进度、物资消耗和劳动力管理等关键指标。发现风险迹象能迅速识别源头并干预，调整计划或优化配置，减少损失，于风险初期应对，保障项目平稳推进与成本控制。

结语

通过上述施工管理各方面的优化实践，可有效提升施工项目的质量、进度、成本控制和安全管理水平，为建筑行业的高效发展提供有力支持。在实际施工中，应综合运用这些技术和策略，根据项目特点灵活调整，以实现最佳管理效果。

参考文献

[1] 林燕玉 . 建筑施工企业项目全过程成本控制的优化建议 [J]. 中国市场，2024 (33)：171-174.
[2] 王胜升 . 建筑工程造价控制中施工项目成本核算的优化策略 [J]. 财富时代，2024 (9)：103-105.
[3] 何尉铭 . BIM 技术在建筑工程施工质量管理中的应用 [J]. 工程技术研究，2024, 9 (7)：207-209.
[4] 屈岗，席锋，林景祥，等 . 基于 BIM 的建筑工程施工质量管理新模式构建分析 [J]. 中国建筑装饰装修，2024 (7)：85-87.
[5] 周永军，李增春，郭寅杰，等 . BIM 技术在装配式建筑施工质量管理中的应用 [C]//《施工技术》杂志社，亚太建设科技信息研究院有限公司 . 2023 年全国土木工程施工技术交流会论文集（上册）[G/OL]. [2023-12-28]. https://www.cqvip.com/conference/3459631174.

联合体全咨服务　生态岛美景初现

——中法半岛小镇生态保护与利用工程全过程工程咨询服务实践

雒　展　吴月红

中国建筑西北设计研究院有限公司　陕西中建西北工程监理有限责任公司

摘　要：本文以武汉·中法半岛小镇生态保护与利用工程全过程工程咨询服务实践为例，阐述了陕西中建西北工程监理有限责任公司作为全咨服务牵头单位，联合中国建筑西北设计研究院有限公司及湖北省的三家咨询单位，在该项目一年多的全过程工程咨询服务过程中总结了全咨服务的特点和取得的成效、收获的经验。

关键词：联合体；全过程工程咨询；生态保护；涵养带；湿地链；食物链；入侵物种

一、项目建设背景

2014年3月26日，中法两国元首在巴黎共同见证《关于在武汉市建设中法生态城的合作意向书》签署，中法武汉生态示范城正式落户武汉市蔡甸区，规划范围39km²。

2021年3月27日，中国·武汉第一届生态保护与利用高峰论坛在武汉召开，会上指出要以半岛小镇作为先行示范区，尽快推进蓝绿廊道、环湖湿地链等建设，努力打造生态保护与修复典范、生态产业发展新标杆。

2022年项目进入实施阶段。

二、项目基本情况介绍

（一）项目总概况

中法武汉生态示范城项目总面积49.26hm²，其中陆地面积31.81hm²，水域面积17.45hm²。该项目聚焦一链、一环、三区。一链，指与市政生态排水廊道衔接的湿地链；一环，指与后官湖湿地公园联通的交通环线；三区，是根据干扰强度、开发强度和涵养力度设置的慢享区、花样区及涵养区。项目涵盖市政生态排水、水环境提升、水生态修复、园林景观的生态保护与利用工程。概算批复项目总投资2.22亿元，工程费1.78亿元，其他费0.26亿元。资金来源于财政资金，项目工期14个月。中法半岛小镇位于蔡甸区（武汉市西大门，距武汉市中心10km）。中法武汉生态示范城东部，总面积约8.2km²。该工程位于半岛小镇岛头区域，是最核心的末端净化及滨湖湿地，是中法武汉生态示范城生态资源最优渥区域，这里水系发达、林草相间、生物多样。

（二）工程名称及参建单位

1.工程名称为武汉·中法半岛小镇生态保护与利用工程。

2.建设单位：武汉市土地整理储备中心。

3.咨询单位：

（1）陕西中建西北工程监理有限责任公司（全咨牵头单位，负责项目管理、工程监理）。

（2）中国建筑西北设计研究院有限公司（负责项目现场执行管理、造价咨询及设计审核）。

（3）湖北建科国际工程有限公司（负责设计咨询）。

（4）武汉市勘察设计有限公司（负责工程勘察）。

（5）武汉汇科质量检测有限责任公司（负责第三方检测）。

4. EPC 单位：

（1）武汉生态环境设计研究院有限公司。

（2）武汉市市政建设集团有限公司。

（三）项目上位规划与功能定位

《中法武汉生态示范城总体规划（2016—2030）》中雨水排放与利用总体要求，应用低开发理念，采取入渗、调蓄、收集回用等手段，控制径流量和削减面源污染。遵循生态完整性原则，打造水面充足、水系连通的平原水乡景观，为生态城在生物多样性示范上提供条件。

《中法半岛小镇交通市政基础设施规划》中提到生态排水廊道以雨水传输为主，环湖湿地链以雨水调蓄为主，二者通过衔接，形成完整的排水体系。

根据《武汉中法半岛小镇核心区蓝道生态排水系统综合提升规划》，构建地块—街道—湿地水系三级系统，建立层层控制的海绵径流和污染削减网络，全方位打造无管网系统。该项目为第三级湿地链系统。

根据《武汉中法半岛小镇生态保护与利用专项规划》，该项目目标为打造生态环境提升先行区，自然与功能共融涵养带。

根据以上规划分析，该项目功能定位为兼顾调蓄净化、生态涵养、生境展示三大功能于一体的示范项目。

三、全过程工程咨询服务范围、内容、组织模式及架构

全过程工程咨询服务范围包括：项目管理（报建、报批、报审）、勘察设计、项目实施阶段。服务内容包括：统筹管理、项目管理、招标采购、工程勘察、设计咨询、造价咨询、工程监理、信息管理及第三方检测、设计审核服务。

全咨服务模式为由五家单位联合组成的全咨服务团队。

2022 年 5 月，项目全咨联合体参建单位根据各单位特点与专长，共同建立了符合项目需要的组织架构体系（图 1）。立足于专业化，选配不同层级的管理人员，组成强有力的现场全咨服务团队，全面负责实施项目管理，保证施工现场人力、物力、财力的高效调配。

全咨负责人统筹协调各专业咨询服务。现场除全咨负责人外，还设有综合办公室、工程部（含项目管理、工程监理、第三方检测）、规划技术部（含设计咨询、工程勘察、设计审核）、造价咨询部。该项目专业协调性较强，在全咨负责人的协调管理下，各部门沟通流畅、工作顺利，护航项目正常推进。

四、全过程工程咨询服务

（一）前期策划、咨询实践成效

该项目类型为生态修复类，用地属于土地储备中心纳储用地，在建设手续办理中无标准化模板参考，无正式用地审批手续。全咨团队根据审批、监管部门要求，沟通协调市规划局、市水务局、中法城管委会、区发改委、区园林局、区水务局、区国土执法局、设计单位及图审单位等，与项目所在地及周边村镇、派出所建立常态沟通渠道，落实行政审批要求、满足各项规章制度、推进各类腾退工作，按照建设单位实施目标制定可行工期计划。

全咨团队现已完成项目可行性研究报告（代项目建议书）、初步设计批复、施工图图审，项目报建，环境影响评价报告、水影响评价、水土保持等论证工作。

（二）组织案例分享、实地考察

2022 年 7 月公司组织全咨团队及 EPC 单位，分享重庆广阳岛项目实施案例。组织沉湖、东湖等湿地项目考察，要求各参建单位了解生态湿地特色性、生物多样性、生态系统完整性，理解湿地项目打造的必要性、生境营造的紧迫性。

（三）组织现场生物多样性调查

2022 年 7 月 20 日公司邀请华中农业大学教授带队组织现场生物多样性调查，并形成调查分析报告，记录入侵物种、保护物种、鸟类、鱼和两栖类。

（四）各参建方统一设计思路

作为兼顾市政排水、生态涵养、生境展示为一体的工程建设，通过背景分析，服务内容梳理，全咨构架建设，全咨服务团队在项目落地中将湿地链功能建设放到第一位。

根据生境调查、地形分析、运距计算，以最小成本、最优路径为原则，识别生态安全格局和核心鸟类栖息地，打造指状岸线，延长生境边界，更好地发挥湿地净化和生境栖息的功能。

通过调整植物群落品种，构建适宜、稳定的生境食物链体系。最大限度保留现有植被，丰富植物品种，补充食源性

项目组织架构图

项目总负责人（项目管理负责人）

项目管理　工程勘察　设计咨询　造价咨询　工程监理　其他咨询（设计审核、检测）

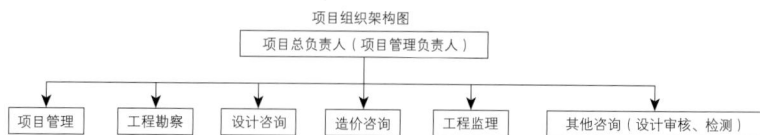

图1　全咨项目组织架构

植被品种，提升局部生态平衡稳定性。

结合项目特点及区域产业发展情况，全咨服务团队为建设单位提供一系列活动建议：观鸟主题的自然研学、亲子活动、户外野性、探秘夜游、艺术展、休憩空间等。通过活动策划，打造生态产业发展新标杆。

（五）勘察设计管理成效

在全咨负责人的统一组织、协调下，规划技术部快速理解项目动态需求，制定工作计划，组织人力、物力，完成内部及EPC单位配合工作，较常规项目缩减协调工作量、减少矛盾、提高落地性，项目推进速度占优。

规划技术部牵头，通过现场勘察、测绘与水土检测，针对坑塘零散，水系不通，水质富营养化，堤埂水土流失，植被品种单一，生态系统脆弱等制定一系列保护与利用措施。根据生物多样性调查，构建湖泊湿地、草地、林地生境设计；根据现状调查，识别场地生态安全格局和生物栖息地，以最小成本为原则，设计生态屏障，打造指状岸线，强化湿地链净化功能、生态系统稳定性；制定清理入侵物种方案，防止生态系统退化，建立自然式种植方式，调整植物空间结构，调整植物群落品种，构建适宜、稳定的生境食物链体系。根据设计苗木种植效果，优化控制特选树数量，提高中规格苗木数量，形成林地效果；控制保留现状绿地植被3.16万 m²，组织设计评审会7次，意见171条，整体采纳率85%以上。对现场样板实施效果一般的面层装饰材料，与EPC单位协商，更换为市场应用广泛、效果稳定的材料，如部分珍木板、谷木板替换为竹木。主园路面层从5mm耐磨砂基替换为透水混凝土砂基。从效果图设计管控

施工图设计、设备采购等，如确定照明安装方式及灯具样式，根据现场实景效果图调增项目小品规格及设置位置，严格按照方案设计管控采购及施工，践行生态理念。

勘察提供湿地链竖向、塘泥深度、水体深度、现状保留苗木范围等测量服务，落实结构基础、换填深度等实施方案。

根据检测服务提供的塘泥改良、水质提升方案，项目土石方有效利用无外运。制定湿地链通—调—净—活四大举措，实现污染无增量，面源污染消减70%以上，使末端水质目标达到Ⅲ级标准。项目设有水质监测及检测设备，常态化实时动态监控水质。

（六）项目管理成效

强化工程项目建设的规范化、制度化、程序化，明确工作职责，提高项目建设管理水平，结合本项目特点，全咨团队分工合作编制《全过程工程咨询项目管理办法》和《全过程咨询管理制度汇编》。用制度规范内部团队、加强外部管理，保证项目全咨团队的良好配合及工作开展。

坚持每周召开项目管理例会；工程部坚持定期组织召开监理例会、安全生产检查等。规划技术部坚持第一时间给出设计优化方案、施工图优化调整意见，坚持组织图纸交底。造价咨询部主动与EPC单位沟通，降低后期重复审核工作。全咨负责人按时上报统筹编写的阶段性工作汇报文件，以便建设单位充分了解项目建设情况。

（七）工程质量安全管理成效

工程部负责定期组织安全检查，每日对施工现场进行巡查，重点关注施工现场安全隐患控制，确保施工过程中安

全生产无事故，杜绝重大伤亡事故的发生。

项目施工作业面外临湖泊，内有鱼塘，存在大范围涉水作业情况，多次组织防溺水应急演练，预防事故，确保施工安全。

针对项目质量管理，制定相应的全过程工程质量管理制度。对EPC单位施工全过程进行指导、检查、监督。全过程监控并会同设计进行质量验收，确保工程质量达到设计及规范要求。

（八）造价咨询服务成效

初设概算是整个项目建设投资控制中最重要环节，为保障项目后期不超概算，全咨单位对扩初概算进行四次审核，送审金额29941.65万元，审核后金额22214.91万元，审减率25.81%。为保障施工图预算不超概算，对报审预算进行三次审核，送审金额21089.17万元，审核后金额16940.22万元，审减率19.67%。已完成2022年5月至2023年7月进度款审核，送审金额10177.74万元，审核后金额7413.92万元，审减率27.16%。

场地存在大量杂乱乔木、灌木，在核实该项内容时，各参建方共同商议决定寻找几处标准场地作为参照，核算苗木密度，匡算苗木数量。

改变工程计费思维，将现场适合外来务工人员干的活交给农民去干，并对其进行统一管理，计入种子、肥料、农机等费用，对施工上报的传统复耕预算进行费用优化控制，节约了工程费用。

（九）对外协调工作成效

该项目与正在开工建设的度假酒店项目存在较长施工边界，存在高差、交叉施工等问题，采取事先预防、控制措施，将安全事故消灭在萌芽状态。

与市政道路工程存在借用临时用地、修建临时设施及土方相互消纳等情况，全咨团队在建设单位的领导下，了解 EPC 单位与市政工程单位诉求，组织对接工作，完成产值核算、材料腾退工作，保证建设单位利益最大化。

（十）对外接待工作成效

落实管委会及建设单位的项目接待工作，根据各项活动部署，全咨团队落实参观路线、划分停车场地、准备项目展板、安排项目讲解等，圆满完成各项接待工作。获得了各级领导、周边群众的一致好评，"生态环境、人居环境有了大的提升"，"以后身边又多了一处网红打卡地"。

（十一）信息化应用实践

根据全咨服务特点和管理模式，为满足建设单位监管要求，搭建智慧项目平台，推进"总监宝"信息化系统在全咨服务管理中的应用，搭配智慧大屏、

大疆 M30 无人机及施工现场无线监控球机等设备。现状信息动态拍摄、云端储存、随时回放，实时传送智慧大屏、手机等终端设备，掌控项目动态及施工进度。

公司应用"总监宝"信息化软件，对现场工作进行监督，实现对现场服务团队的远程管理。

（十二）倾斜摄影应用实践

采用大疆 M30 无人机对施工现场进行日常航拍影像采集，形成施工记录，制作每日 VR。通过一周七天时间规则倾斜摄影，生成三维实景模型，记录每月场地地形变化，对已完成地形与设计模型进行对比，优化场地空间形态。通过模型计算施工土方量，与设计土方量对比分析。不断优化无人机操作参数，提升项目的数字化、智能化应用与实践。通过设置不同计算水位，应用 GIS 平台完成整体场地淹没分析。

结语

一年多的全咨服务，从入侵物种的片片清除，到珍稀植物的茁壮成长；看到生态半岛美景初现，坚定了全咨团队继续认真完成全咨服务工作的信念。

全咨服务团队充分发挥专业特长、系统管理理念及资源整合优势，在工作中不断提高项目管理水平，实现建设单位投资效益最大化。

在全专业、全过程工程咨询服务协同作战中，联合体各单位、各部门、各专业人员不断改进工作方法，优化职能分工，减少工作重叠区，扩大咨询覆盖面，使全咨团队整体工作效率不断提升。

持续改进方向：优化部门分工，调整工作思路，增强预判分析，扩展平台应用，突破管理思维，提升服务水平。在工作中学习，在学习中进步。为下一个全咨服务项目做好充分的准备。

既有地铁公交综合枢纽广场化更新改建管理实践

孙一玺　袁一鑫

上海市工程建设咨询监理有限公司

摘　要： 中国城市发展已由增量扩张模式逐步转变到存量发展阶段，通过对既有设施的改造提升，城市更新能完善城市功能、提升城市品质。不同于新建工程，城市更新项目差异化更大，都面临着各自环境下的独特问题。本文总结回顾了既有地铁公交枢纽整体广场化更新项目施工技术研究管理及新生产手段应用实践，以期为城市更新项目管理提供借鉴参考。

关键词： 城市更新；技术安全；三维实景模型；项目管理

引言

2010 年上海世界博览会主题是"城市，让生活更美好"（Better City, Better Life），将城市问题首次纳入世博会的展示视野 [1]。城市在飞速发展扩张后，也遇到了许多的问题，目前也正从增量扩张模式逐步转变到存量发展阶段。城市更新是针对城市的物质性、功能性或社会性衰退地区，以及不适应当前或未来发展需求的建成环境进行的保护、整治、改造或拆建等系列行动 [2]，是城市高质量发展的必然需求。

不同于大多数新建工程在完成通水、通电、通路、场地平整及临时隔离围墙等条件后，才在无既有建构筑物的空地内实施建造的"在崭新的白纸上作画"，城市更新项目则是对既有建（构）筑物或设施的拆除、改造或保护，是对城市进行的"整容手术"，以改善外观或功能，往往在各自环境和背景下面临着独特问题，技术复杂性和管理难度往往更具特点。

一、工程概况

滴水湖地铁站枢纽改建工程位于滴水湖中央活动区，地块下方为运营中的地铁 16 号线滴水湖站及配套地下商业空间。项目通过整合公共交通枢纽，结合地面景观绿化打造一座空中平台，与周边城市空间及原有地下配套空间形成联动，以激发城市活力，为市民提供公共活动的场所，旨在塑造世界一流的滨湖门户地标。

项目工作内容包括拆除工程、改扩建及新建工程、景观及道路工程三大部分。拆除工程包括西广场原公交枢纽贝壳状顶棚正放四角锥网架结构拆除、东广场两处汽车坡道拆除、两个地铁出入口拆除、非机动车停车棚拆除及其他小微设施拆除等。改扩建及新建工程包括公交管理站房及公交场站改扩建、二层整体大跨度钢结构空中平台新建、共享大厅新建、遮阳棚张拉膜结构新建、过街天桥新建等。景观及道路工程部分包括景观绿化、广场花岗石面层、现状市政道路改建等。

地块下方除地铁站厅及区间隧道外，还存在地下二层混凝土框架结构的预留商业空间。因此，项目广场化改建主要覆盖整个地块的大跨度钢平台，也综合考虑地铁结构及商业结构荷载情况设计及加固，项目技术特点复杂，专业工程包括锚杆静压钢管桩、既有混凝土梁柱增大截面、混凝土梁碳纤维加固、大跨度钢结构、UHPC 混凝土应用、缓粘结预应力张拉、张拉膜结构、TMD 调谐质量阻尼器安装调试、精致钢幕墙工程等，以及其余常规专业项目。项目与既有建（构）筑物及区域提升要求结合后，复杂性和独特性显著提升。

二、地铁运营保障下的地下工程管理

（一）锚杆静压钢管桩概况

该项目为既有地铁站厅及隧道周边改建工程。作为地上新建钢平台的地下结构补强的一部分，需在地铁16号线不停运的条件下，于原外侧预留商业部分地下补打64根锚杆静压钢管桩，桩顶绝对标高为 -7.450m，桩长35m，持力层至 ⑦$_{1-2}$ 灰黄～灰色粉砂层，为承压含水层。

（二）施工技术风险研判实践

原地下结构仅地下两层且埋深相对较浅，经过抗突涌稳定性验算，在进行桩基施工及承台开挖时不至于发生承压水突涌风险。但因钢管桩施工并非自地面开始实施，而是在既有地下结构二层底板上开洞压桩，并需要穿至承压水含水层，承压水水头差最高可达9m，因此可能存在桩端入承压水层后，承压水沿桩芯上涌或顺钢管桩与土体间外侧间隙上涌，流至地下室内，进而进入地铁站厅或隧道的风险。项目为运营中的地铁线内的工程桩施工，因此必须避免承压水涌入的情况，因其较之新建工程，社会危害性会更大。

另外，由于潜水水位高于静压桩施工作业面，在为静压桩实施进行准备工作、破除地下底板开洞时，必然存在地下潜水顺洞口逐渐流入的情况，因此也必须利用桩孔或设置降水井的方式，对涌入的潜水进行按需降水，并在施工期间严格监管，以在不造成地铁隧道明显沉降的前提下，完成锚杆桩的施工。

针对地铁站周边既有地下结构底板

开洞实施锚杆静压桩，可能存在安全技术难题的问题，借鉴之前观摩过的同建设单位集团公司的某排海管工程，参考项进海洋中的钢管口止水构造和技术措施[3]，建议项目承包商仿制"盘根止水"的止水构件置于洞口，并分别于地铁站厅的两侧设置了一口备用降水井。"盘根止水"基本原理是，通过泊松比较大的油浸石棉盘根，固定于外侧法兰钢圈上，并于上方设置一道突边钢环，用螺栓与下方法兰座临时连接。这样，如项目发生⑦层承压水上涌的紧急情况，即可通过扳手拧紧钢环螺栓，紧固两道钢环，使盘根受压、横向扩张，密贴管桩侧壁，完成密封止水工作，并为应急处理和后续施工创造有利条件。

此方案得到了评审专家组的一致同意。不过，由于项目地下室外侧原有的基坑止水帷幕存在，一定程度上延长了地下承压水的渗流长度，以及施工时期承压水水位并不高等有利因素，项目施工时实际未发生承压水涌水风险；由于地铁站厅和地下商业间原本存在隔离地下连续墙，因此严格监督管理下按需抽取的地下潜水也未造成地铁线路明显沉降，施工期内车站道床累计最大沉降仅3.4mm，64根钢管桩均顺利实施完成。项目的止水安全管理技术措施，以及施工技术风险研判在监理项目安全管理事前控制的有益思路，可以供类似项目借鉴。

三、无人机航拍及三维实景模型进度及技术安全管理

（一）航拍视角正放四角锥网架结构拆除监督

该项目待拆除网架为正放四角锥螺栓球节点网架，总面积约6000m²，南

北向最大长度为85m，东西向最大长度为90m，整片网架由20根南北对称布置的钢筋混凝土圆柱支撑，柱帽设置于下弦平面之下，最大跨度30m。围护系统由上层 YX-475 型镀铝锌金属屋面板、屋面内衬 Q900 型瓦楞彩钢板、下层吊顶铝塑板及檐口装饰铝塑板组成。上层屋面板由屋面顶板和屋面内衬板组成。由于网架整体面积较大，加之下方为既有地下商业结构，地基承载力仅 20kN/m²，因此无法采用一次性起吊拆除后平移至地面拆解[4]的办法，转而采用"Φ273 钢管柱临时支撑＋分区分块切割拆除＋地面拆解外运"的施工流程，使得每块起吊面积不大于50m²，质量不大于3.2t。

在网架拆除全过程各阶段临时支撑布置及反力计算、网架自稳定内力计算并罗列各步骤拆除施工顺序的前提下，临时支撑及防失稳措施验收后，监控网架分区分片拆除顺序便成了监理管理的重中之重。如现场实施不按方案顺序拆除，很可能导致网架失稳等结构安全事故，对项目造成恶劣的影响。

为此，监理特采用 DJI MAVIC Air 航拍无人机在约100m高空对网架拆除过程分阶段定时进行垂直俯摄，以便更形象、直观地检查网架分区分块拆除顺序是否存在偏差，能对当期望重点观察的节点放大查看，并得以全周期记录网架拆除过程，也更方便向关心工程建设的各方（建设单位、质安监站等）进行汇报展示。相较于管理人员单纯在地面进行巡视检查，无人机航拍能更迅速、准确、全局性掌握网架拆除的结构总体情况。

（二）无人机三维实景模型

项目主要工作量均位于地上，地下

仅为钢管桩及部分混凝土结构加固工作，无基坑及围护工程；且项目占地面积相对较大，建（构）筑物层数较少，实际仅单层钢框架结构，因此类似线性的市政工程，比较适合通过航拍进行平面进度总体展示。低空摄影测量作为一种相对较新的技术手段，能根据无人机获取的影像信息，利用三维建模技术快速构建具有 GPS 地理位置信息的三维空间场景，灵活快捷、形象直观，非常适合项目全方位进展情况形象展示。

因此，在利用原有小型消费级无人机拍摄普通航拍及全景照片的基础上，监理还根据场地特点手动规划飞行航线，定时间隔 2s 自动拍摄一张下倾斜约 45° 的影像照片，导入并存储至个人计算机内，利用无人机影像照片自带的 GPS 坐标信息的特性，使用 ContextCapture 基于上述影像完成空中三角测量及三维模型重建，还原出真实影像纹理的实景三维模型，并借此进行

直观展示和管理汇报。

受限于无人机自身仅单镜头、无法自动规划航线、续航能力有限等性能限制，以及未在现场布置控制点、未选取影像进行控制点刺点、未对空中三角测量结果进行迭代平差优化、未对模型进行几何体和贴图修整等因素，项目三维模型仅可以用作项目形象及施工进度展示，不宜应用于数据测量或其他需要高精度模型的过程和作业中。有研究表明，在航高 100m 以下时，小型消费级无人机测量精度也可以达到厘米级[5]，由于该监理项目无此管理需求和必要，也并未生成精度更高的模型，仅为方便快捷生成了展示模型。

结语

在城市发展和工程建设从增量扩张到存量发展的背景下，作为助力城市更好地实现人居功能、满足发展需求的重

要途径的城市更新，未来会更频繁地走入工程管理人员视野。与以往不同，城市更新项目技术特性相对更复杂，问题更独特，因此更需注重施工技术研究管理；同时，监理工程师必须加强学习，利用新手段、新方法更好地适应项目管理需求，以更好地为工程建设当好卫士、做好管家，助力城市高质量发展。

参考文献

[1] 陈信康，王春燕，庄德林 . 上海世博会主题展示的城市发展趋势 [J]. 城市发展研究，2012，19（9）：46-52.

[2] 唐燕 . 我国城市更新制度建设的关键维度与策略解析 [J]. 国际城市规划，2022，37（1）：1-8.

[3] 张国平 . 不同水压及渗透性土层中的超长距离顶管出洞止水装置应用 [J]. 建筑施工，2023，45（6）：1182-1183，1202.

[4] 孔巍，樊仁林，薛飞 . 浅谈中庭顶部钢结构网架拆除施工技术 [J]. 施工技术，2016，45（S2）：435-438.

[5] 张纯斌，杨胜天，赵长森，等 . 小型消费级无人机地形数据精度验证 [J]. 遥感学报，2018，22（1）：185-195.

某写字楼大厦深基坑项目管理

李国胜

山西德宇工程管理咨询有限公司

摘　要：本文通过某写字楼大厦工程基坑支护进度控制的现状，分析产生偏差的真正原因，制定防止下一个循环继续产生偏差的管理措施。通过科学管理，把握关键路线，发挥监理与施工两个方面的优势与积极性，共同创造现场管理高水平的代表作品。

关键词：支护方案；工序分析；进度策划；环境分析；纠偏措施；进度调整与实施

一、工程概况

某写字楼大厦项目位于红星东街与吕匠路交叉口东南角，项目地块西邻城市次干道吕匠路，北邻城市主干道红星东街，东侧为在建三文阳光城，南侧为现有吕匠村回迁楼小区，项目周边交通便利，各种配套的公共设施齐全。

工程总建筑面积 45674.27m²，地上建筑面积 30534m²，地下建筑面积 15140.27m²；地上 20 层，层高均为 4.2m，地下 3 层，地下一层层高 6.3m，地下二层层高 3.7m，地下三层层高 4.0m；建筑总高度 96.15m，室内外高差 3.71m、0.15m（建筑北侧分区）、5.54m（建筑南侧分区）。

工程结构形式 A、B、C 座为框架剪力墙结构，D 座为框架结构，建筑类别等级为一类，安全等级为二级，抗震设防分类为丙类，抗震设防烈度为六度，耐火等级为一级，建筑场地类别为 Ⅲ 类，屋面防水等级 Ⅰ 级，地下防水等级 Ⅱ 级。基础类型为桩承台基础。

1. 北侧开挖深度 12.15~13.15m，基坑安全等级为一级。

2. 西侧开挖深度 9.15~11.15m，基坑安全等级为一级。

3. 南侧开挖深度 9.15m，基坑安全等级为一级。

4. 东南角开挖深度 9.15m，基坑安全等级为一级。

5. 东侧开挖深度 12.15~13.15mm，基坑安全等级为二级。

二、进度监理的任务与控制目标

与进度有关的单位很多，但影响最大的单位是建设单位、施工单位及监理单位，所以参与项目管理的三方只有大力配合，才能确保工程进度的合理控制，保证总工期目标的实现。

1. 建设单位应按工程承包合同要求及时提供施工场地和图纸，并尽可能地改善施工环境，为工程施工的顺利进行创造条件。

2. 编制进度计划是对进度计划进行控制的前提，没有计划，就谈不上控制，编制施工进度计划，就是确定一个控制工期的计划值，施工单位的任务是编制施工进度计划，并在计划执行过程中定期地、经常地通过实际进度与计划进度的检查、比较，实施调整。

3. 监理工程师的任务是审批施工单位编制的施工进度计划是否符合施工合同工期管理约定，阶段性施工进度计划是否满足总体进度目标控制要求；主要工程项目是否有遗漏，劳动力、材料、机械设备等是否满足进度要求；是否适合建设单位提供的资金、施工场地等条件，并对批准的施工进度计划执行情况进行监督，从全局出发控制实际进度与计划进度的偏差，根据偏差情况及时发布调整施工进度计划的指令，并向建设单位报告工期延误风险。

三、基坑支护方案

钢筋混凝土灌注排桩加预应力锚杆支护。灌注桩直径 Φ800，间距 1.6m。深度 18m；锚杆孔直径 Φ150，预应力锚杆采用 Φ15.2 高强低松弛钢绞线（1×7 股），对应采用 OVM15 型锚具。7-7、8-8 剖面采用复合土钉墙：土钉采用 Φ22HRB400 螺纹钢，长度 6~15m，水平及竖向间距 1.5m。土钉注浆采用 M25 纯水泥浆，面层强度 C25，钢筋网 Φ8 @ 200HRB400 螺纹钢，厚 100mm（表 1、表 2）。

四、审核信息化施工方案

（一）审核的原则

1. 可靠性原则。可靠性原则是首要的、重要的原则。为了确保其可靠，必须做到：第一，监控要采用可靠的仪器；第二，应在监控期间保护好监控点。

2. 多层次监控原则。多层次监控原则有三点：一是在监控对象上以支护结构位移为主，但也考虑其他物理量和监控；二是在监控方法上以仪器监控为主，并辅以巡检的方法；三是分别在地表、基坑土体内部及邻近受影响的建筑物上布点，以形成具有一定控点覆盖率的监控网。

3. 重点监控关键区的原则。由于不同支护方法的不同部位其稳定性各不相同，稳定性差的部位容易失稳坍塌，甚至影响邻近建筑物的安全。因此，应将易出问题且一旦出问题就将带来巨大损失的部位，作为关键区进行重点监控。

4. 方便实用原则。为了减少监控与施工之间的相互干扰，监控系统的安装和测试应尽量做到方便实用。

5. 经济合理原则。考虑到基坑支护系统为临时工程，因此其监控时间较短；另外，由于监控范围不大，量测者容易到达测点，所以应该考虑采用既实用又价低的器具，不过分追求"先进性"，以降低监控费用。

（二）信息化施工方案的确定

1. 监测支护桩设计弯矩值和冠梁设计内力值最大处的钢筋应力变化及测试环梁与帽梁 Φ30 连系拉杆应力变化。

2. 在帽梁顶面四周设置观测点，对支护桩的桩顶帽梁水平位移进行观测。

3. 对管井降水过程基坑内外地下水位变化进行监测。

4. 对基坑周边建（构）筑物、地下管道沉降与裂缝进行观测。

五、工序分析与总进度计划策划

（一）基坑工序分析

根据某写字楼大厦基础工程的特点，要在 2020 年 5 月 1 日前完成深基坑支护工程。深基坑支护工程需要经历四个进度循环过程，每个进度循环（即每一道腰梁）中均应包括：放线、钻孔、安装预应力锚索、第一次注浆（工艺间歇为 24h）、锚索张拉、二次注浆、安装

支护桩参数表 表1

护坡桩剖面	基坑深度 /m	支护长度 /m	桩设计长度 /m	混凝土强度 /C	孔径 /m	间距 /m
1-1	14.35	75.2	15.8	30	0.8	1.6
2-2	11.05	75.2	12.5	30	0.8	1.8
4-4	9.65	32	10.65	30	0.8	1.8
5-5*	9.15	50	18.15	30	0.8	2.0

注：5-5 为双排护坡桩，前、后排间距为 3.5m。

桩锚预应力锚杆参数表 表2

锚杆编号	杆体类型	自由段长度 /m	锚固段长度 /m	预应力设计值 /kN	预应力锁定值 /kN	钻孔直径 /mm	倾角 /°	水平间距 /m	备注
MG1	3Φ$_S$15.2	9.0	15	350	250	150	20	1.6	
MG2	4Φ$_S$15.2	7.5	16	500	350	150	18	1.6	1-1 桩
MG3	4Φ$_S$15.2	5.5	16	500	350	150	18	1.6	
MG4	4Φ$_S$15.2	5.0	16	500	350	150	18	1.6	
MG2	4Φ$_S$15.2	7.5	14.5	350	250	150	15	1.8	
MG3	4Φ$_S$15.2	5.5	16	550	350	150	15	1.8	2-2 桩
MG4	4Φ$_S$15.2	5.0	16	550	350	150	15	1.8	
MG3	3Φ$_S$15.2	6.5	16	350	250	150	15	1.8	4-4 桩
MG4	3Φ$_S$15.2	5.0	16	400	250	150	15	1.8	

槽钢等七个工序，而工作量较大的工序有：钻孔、安装预应力锚索、第一次注浆（工艺间歇为24h）、锚索张拉、二次注浆、安装槽钢等六个工序，且钻孔与锚索张拉工序技术要求较高，施工难度大，故确定按照一般、关键、重要三个等级进行工序编排，其编排结果如下：

1. 放线工序：一般工序（占有工序持续时间）。

2. 钻孔工序：关键工序（占有工序持续时间）。

3. 安装预应力锚索工序：重要工序（占有工序持续时间）。

4. 第一次注浆工序（工艺间歇为12h）：重要工序（占有工序持续时间）。

5. 锚索张拉工序：重要工序（占有工序持续时间）。

6. 二次注浆工序：重要工序（占有工序持续时间）。

7. 安装槽钢工序：一般工序（占有本循环的持续时间）。

（二）总体进度策划

在资金方面，建设单位拟采用顺序施工，该项目开始总体计划为：场地平整及基槽开挖→基坑支护（支护桩→冠梁→腰梁）→设计前试桩→破桩头→检验→旋挖混凝土灌注桩→破桩头→检验→基础→主体→二次结构→装饰装修→室外配套工程→工程竣工验收。

（三）各工序所需时间对总进度计划的影响

1. 场地平整及基槽开挖：需要70天；重要工序（占有工序持续时间）。

2. 基坑支护：需要70天；重要工序（和上一条平行施工，不占用工序持续时间）。

3. 设计前试桩：需要45天；重要工序（占有工序持续时间）。

4. 旋挖混凝土灌注桩：需要61天；重要工序（占有工序持续时间）。

5. 按照上述原则，完成旋挖混凝土灌注桩的总计划工期应当为176天。

六、环境分析对总进度计划产生的偏差

1. 某写字楼项目

周边地下还埋设有煤气、供水、暖气、通信等管道，施工环境极差。

该项目地势呈西南低、东北高，高差在4m左右，基坑深度在10~13m之间，采用钢筋混凝土支护桩辅助边坡喷锚支护形式。

2. 该项目需要外运土方8万m³左右，由于在城市之内，受市内道路时间段管控影响比较大，所以土方不能形成全天候外运。

3. 由于场地相对狭小，可用临时场地有限，土方外运与支护桩钢筋笼加工存在不能同时施工现象。

4. 建设单位由于存在"三角债"现象，资金不能满足工程进度的需要，导致专业基坑支护单位放缓施工进度，从而影响总进度计划的实施。

5. 第一阶段进度分析：经认真分析各工序工作的先后顺序，关键节点为支护桩→冠梁→腰梁。由于施工单位现场管理不善，施工班组人员不足，再加上天气原因及进度款无法及时支付，影响总进度计划45天。

计划中共安排了机动工期为5天，实际工期按120天考核。

以上总进度计划经三方会议通过后正式下达，为了认真落实计划，还召开了专题会议，认真分析了实施计划各阶段的施工难度，并针对性地提出了相应的进度控制措施。

七、进度偏差的纠偏措施实施

1. 通过以上情况分析，进度计划已经阐述偏差，此偏差将占用下道工序的整个完成时间（此进度计划的延误不是只有施工单位的原因，建设单位也存在一定的责任）。

2. 采用组织措施：增加施工班组，由原来的一个白天施工班组增加了夜间一个施工班组；同时增加相应的夜间的相关安全措施。

3. 技术措施：确定不再按顺序施工，改为插入式平行施工。具体为优先施工设计前试桩，利用工艺间歇时间，完善基槽开挖没有完成的工作量。

4. 经济措施：第一，督促建设单位尽快落实资金来源，为工程顺利进行保驾护航；第二，协调施工单位能否宽限建设单位一段时间；第三，协调施工单位能否与建设单位达成本期进度款按照当时的银行贷款利率和使用时间进行资金时间价值的使用。最后经过监理单位的协调，建设单位与施工单位采用第三种方式进行资金流转。

5. 通过进度偏差的纠偏措施与实施，终于将延误的工期纠偏，恢复到原来的进度计划之中。

八、进度计划的策划与控制的体会

1. 进度策划与调整要分阶段进行，当发现某个循环产生进度偏差后，不必惊慌，要分析产生偏差的真正原因，制定防止下一个循环继续产生偏差的管理

措施。一旦发生偏差就急于马上调整计划，势必打乱施工的总体部署，反而容易造成更大的进度偏差，故进度策划与调整要适时分阶段进行。

2. 制定纠偏措施要从管理上入手，要从改变工艺、调整工序穿插、调整工序关系方面找措施，要在保持施工组织与投入原则上不变的情况下找出路。

3. 施工的关键部位，技术要求高而实施困难的环节，要通过施工技术方案的保证去实现，防止因达不到技术要求而造成工期延误。

4. 保证工序持续时间的要求，减少工序间隙时间，是维持工序正常作业的需要。

5. 重视上道工序为下道工序创造穿插工作面的工作，是有效地开展工序穿插、减少工序持续时间的需要。

结语

某写字楼大厦基坑支护、设计前试桩工程实现了预期的进度目标，在这个过程中，进度的策划与控制，一方面要靠管理者科学周密的策划，始终把握进度正常实施的节奏，关注产生偏差的原因与纠偏措施的落实，通过全方位的部署、跟踪、检查，保证实施工期围绕着总体计划小幅度摆动，大幅度前进；另一方面要靠计划实施者组织有序，保证有力的管理机制，这样才能发挥监理与施工两个方面的优势与积极性，共同创造现场管理高水平的代表作品。

浅谈工程项目管理的主要工作内容

王卫江　张世杰　李维山

太原理工大成工程有限公司

摘　要：工程项目管理是通过一定的组织形式，经过一系列全过程服务进行计划、组织、协调和控制的管理活动。本文通过对决策、合同、资金、成本、采购等各方面的分析，探讨管理的主要工作内容。

关键词：决策管理；招标采购管理；质量控制；协调措施

引言

通俗地说，工程项目是指为达成预期的目标，投入一定的资本，在一定的约束条件下，经过决策与实施的必要程序，从而形成固定资产的一次性活动。

工程项目管理是为了实现工程建设的预定目标，通过一定的组织形式，用系统工程的理论和方法对工程建设从投资决策、建设准备、施工建设、竣工验收以及使用阶段保修服务的全过程进行计划、组织、协调和控制的管理活动。建设工程的目标可以具体分为质量、进度、投资三大控制目标（图1）。

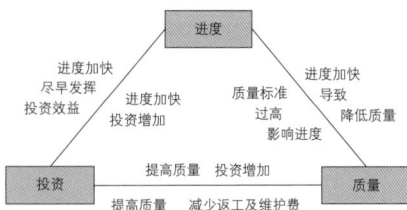

图1　建设工程目标

一、项目管理的理念和思路

（一）明确项目管理的任务、目标

在项目总体目标框架内，业主将组织协调各级承包商、供应商、设计单位、监理单位构成项目管理平台，整合各方目标，制定项目管理规则，坚持以协议、合同规定项目各方的责、权、利，以此为基础建立科学、高效的项目管理模式。

（二）项目管理的控制建立在完备的项目计划基础上

不管建设项目分几个阶段，一个项目的成功必须要有计划管控体系，它是项目建设的总纲。

（三）项目管理的目标

项目管理的最终目标为在安全第一的条件下，实现质量、进度、成本均达到预期的要求。

（四）加强业主的决策管理

加强业主的决策管理，对于重大问题将由监理单位、各承包单位做好基础分析工作，由业主及时作出决策，及时高效地解决项目实施过程中遇到的问题。业主决策的时效性对工程能否按期完成至关重要。

（五）加强合同管理

合同是项目开展实施的基本依据，必须加强合同管理，确保工程保质、按期完成。

（六）制定符合项目特点的合理工作流程

制定符合项目特点的工作流程和工作时效（主要是重大事项决策，签证、支付程序，设计变更程序，施工洽商处理程序等对进度和费用有影响的工作程序，质量控制的程序按现行国家的法规、规定、规范实施）。

二、项目管理的主要工作内容

（一）工作准备

了解施工现场总体情况和要求；了解设计图纸提交情况和设计交底情况；了解相关行政手续办理情况，积极开展相应的工作；了解监理单位的工作安排以及相关的文件提交情况；了解相关合同洽谈、签订情况；查看测量控制和其他相关的施工条件；与项目参建单位建立沟通联系；编制各项目总控制进度计划。

（二）资金管理

根据项目总控制进度计划编制资金使用计划；按照相关合同约定审核设计、施工和供货单位的支付申请并提交核准；提交项目进度用款报告和工程进度情况。

（三）成本管理

编制各项工作的成本控制基准；审核施工图预算；审核现场工程量；审批经监理审核的《工程款支付证书》及其他相关报表并提交核准；审核经监理签署意见的竣工结算资料。

（四）招标采购管理

根据工程需要编制招标工作计划；审查招标代理编制的招标文件并提交核准；办理招标投标相关的手续；建立招标入围单位名单；组织对潜在的投标人进行考察；编制评标工作大纲和标准；组织投标、开标和评标；报告招标、投标和中标情况。

（五）合同管理

商谈、签订设计专项、施工承包、采购合同；督促相关各方履行合同（设计合同、监理合同、施工合同、供货合同等）；催交设备到货；检查相关单位进行设备材料验收、存放情况；合同的管理收尾。

（六）进度管理

编制施工阶段进度控制方案；审核总包单位提交的施工进度计划；分析进度风险；跟踪与检查施工和采购进度；召开进度协调会议；提交工程进度报告；分析、调整进度计划。

（七）质量控制

编制质量管理计划；分析质量控制重点；核查施工和监理单位的质量管理体系及其落实情况；施工过程中的检查验收；检查、控制进场设备和材料质量；审查经监理工程师批准的施工方案；监控施工过程的质量保证情况。

（八）验收、移交管理

组织编制工程验收工作计划；组织项目的功能性验收；会同监理单位组织单位工程预验收；审核施工单位提交的竣工验收报告；审核监理单位提交的质量评估报告；进行单位工程竣工验收；办理竣工验收备案；办理竣工移交证书；提交操作和维护手册。

（九）变更控制

制定变更控制工作程序和制度；严格控制变更发生（建设规模、标准、内容、投资额）；组织变更论证工作；核查变更过程是否符合程序和规定；调整成本控制计划；调整进度控制计划。

（十）安全管理

编制安全管理计划；识别风险因素，制定对应措施；检查施工、监理单位的安全文明施工体系建立和落实情况；组织安全过程检查；安全工作报告。

（十一）组织协调管理

审核各方工作规划（方案）的技术、经济合理性和可行性；及时发现问题，积极、主动召开综合协调会议协商解决。设计协调：组织必要的设计深化、专项工程设计和相关的设计审查工作。监理协调：充分发挥监理单位的作用。施工协调：积极组织各施工单位的协作，解决各种问题，提高工作效率。建立工程例会制度，主持召开工程例会，组织进行技术专题论证。

（十二）文件信息管理

建立文件和信息管理框架；编制文件控制要求；施工图纸版本控制，及时更新施工用图；建立文件管理台账，严格履行收发和借阅手续；整理汇编、移交项目竣工及有关工程档案等技术资料。

（十三）保修管理

编制保修管理计划；组织签订工程保修合同；组织、检查相关单位保修工作；做好保修期工作记录。

（十四）管理工作总结

工程实施的绩效总结；对管理工作的总结。

三、设计阶段管理

（一）管理工作的主要内容

通过招标择优发包工程设计；主持重大设计方案的论证；验收设计文件并负责报批；组织协调设计单位之间以及与其他单位之间的工作配合；为设计单位创造必要的工作条件，保证其及时、准确提供设计文件，满足工程建设需要。

（二）组织与工作模式

各设计阶段工作的主要组织及工作模式关系如图2所示。

四、项目成本控制

（一）制定项目成本控制总目标

以批准的设计概算作为计划投资额，将实际投资与计划投资的偏差控制

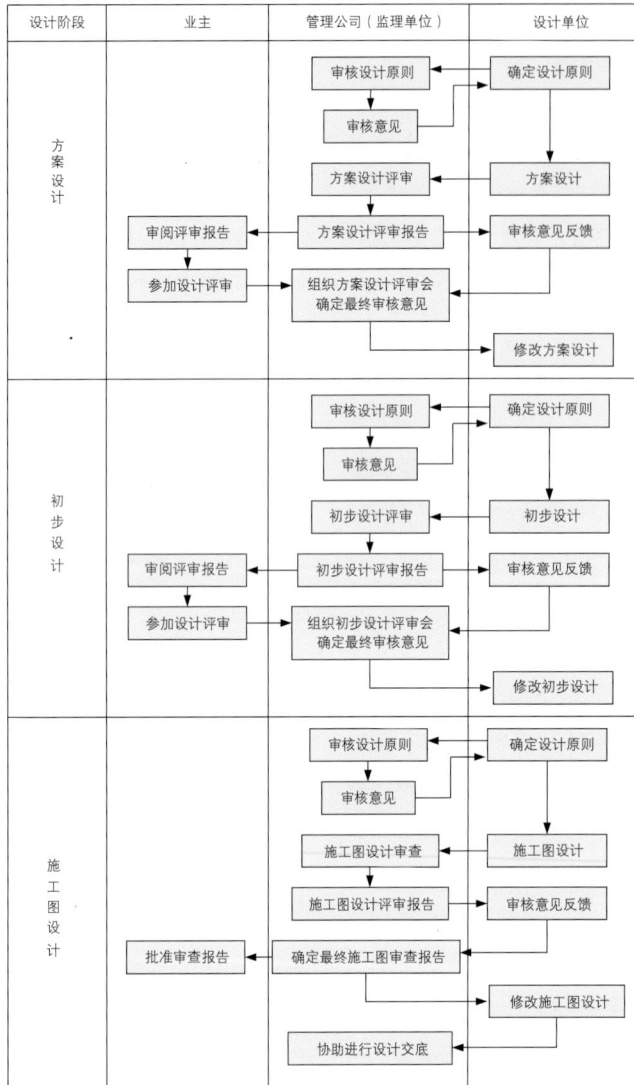

图2 组织及工作模式

在既定范围之内；依据与承包人签订的各种合同，建立成本管理目标。

（二）成本控制的原则

以成本控制目标为准绳，实施评价和纠偏，控制和降低成本，力求在技术先进条件下的经济合理，在经济合理基础上的技术先进，把控制工程成本费用渗透到工程建设各阶段之中。

（三）制定成本控制措施

1. 组织措施

明确项目投资控制的组织结构及各参建单位投资控制的任务和权限，合理划分管理职能。

2. 技术措施

通过对多个设计方案的技术经济分析与比较，选择可行的最优方案；严格审核设计文件与概算、施工图设计与预算、施工组织设计；采用相应的技术措施研究节约投资的可能性。

3. 经济措施

广泛收集有关信息，严格审核各项费用支出，动态地比较资金使用的实际值与计划值差异，利用积极手段，控制建设投资。

4. 合同措施

明确合同双方对由于不可抗力及工程变更等原因引起的经济责任，通过合同管理降低成本。

五、项目进度控制

（一）编制总控进度计划

根据工程具体情况和各项目里程碑时间要求，设计进展情况和设计进度计划，以及承包商根据工期目标提供的生产要素编制工程总控进度计划。根据项目总进度计划编制派生计划，包括招标采购计划，资金使用计划，各部门工作、各施工进度等派生计划。

（二）项目设计阶段进度控制

1. 加强与外部的协调工作，主要是协调与规划、消防、人防、环保、供电、供水、供气、市政等部门的关系，及时确定规划设计条件，及时提供设计基础资料。

2. 协调各设计单位和专业的工作，根据设计的进展情况定期召开设计协调会议。

3. 做好设计与设备供应商的协调工作，保证工程设计的质量。

4. 将设计进度目标加以分解，有效控制工程建设的设计进度。

5. 尽量减少出现设计变更，避免出现大的设计变更。

（三）项目施工阶段的进度控制

在施工阶段，首先要审查施工承包商编制的施工进度计划，并督促施工承包商对进度目标进行分解，具体措施如下：

抓紧前期手续的办理，责任到人，确保开工前各项手续的齐备；在进度计划的管理过程中，要充分发挥合同的作用，通过严格的合同管理和详细的合同条款，对进度计划形成有力的保证；对照承包商的施工组织设计和施工技术措施，审查其施工进度计划；不断地收集实际施工进度的信息，定期组织召开进度协调会议，做好与计划进度的比较，及时纠偏，并要求承包单位定期向建设方提交进度报告。

六、项目质量控制

（一）施工准备阶段

加强施工图纸会审力度，把设计中存在的差错及不合理问题消灭在萌芽状态，促进工程质量提高；认真做好施工组织设计的审查，确保施工组织设计的有效性、合理性和可操作性；做好施工现场准备工作的质量控制；做好材料设备供应工作的质量控制。

（二）施工阶段

执行样板引路制度，严格执行工序检查、验收、旁站和平行检查制度；严格执行技术交底制度，做到超前、实际、可操作性；严格执行洽商管理制度、具体规定洽商签订责任人的权限范围；材料设备的选用要加强选用前的考查，在订货前做好样品的封样工作，进场前做好检验工作；严格执行见证取样制度，确保建材产品的性能稳定可靠；做好施工过程中档案、资料的跟踪、检查工作。

（三）竣工阶段

严格按三检制要求控制；对里程碑工程的验收严格按验收程序要求进行，做好预先控制，严格执行验收规范及有关标准；按照竣工验收备案制的要求，做好分部、分项工程的验收；配合有关部门做好人防、消防、卫生、环保、交通、绿化等专业验收工作。

（四）移交阶段

制定完善的移交方案；移交主要包括设施移交、资料移交和资产移交等方面，做好使用培训工作，确保使用方能够尽快熟悉各项设施的使用功能。

七、竣工验收的管理

（一）竣工验收的准备工作

检查、督促按计划完成收尾；保护成品和进行封闭；及时组织安装工程系统运行调试；组织专项检测（室内环境、防雷、消防、人防等）；组织专项验收（节能、电梯、消防、人防、自来水、供电、天然气、供暖等）；临设拆除及清理；组织全面竣工清理；施工单位绘制竣工图；整理工程资料；准备验收、移交文件；编制竣工结算。

（二）竣工验收检查、检验内容

检查核实竣工项目准备移交给业主的所用技术资料的完整性、准确性；按照设计文件和合同检查已完工程是否漏项；检查工程质量、隐蔽工程质量、外观质量、关键部位质量是否达到合同要求；检查系统功能运行情况及记录，发现的问题是否改正；在竣工验收中发现需返工、整改的工程明确完成期限。

（三）竣工验收程序

施工单位组织内部预验收，自检评定（编写自评报告），提交"工程竣工验收申请表"；监理单位全面审查施工单位的验收资料，整理监理资料，对工程进行质量评估，提交"工程质量评估报告"；监理单位组织建设、勘察、设计、施工等单位对工程质量进行初验，初验合格后，由施工单位向建设单位提交"工程竣工报告"；建设单位审查初验合格后，填写"竣工项目审查表"，向质监站提交验收资料，确定正式验收时间；建设单位主持由质监站及各有关建设方参加的正式竣工验收会议；工程合格，由建设、监理、设计、勘察、施工各方签署"工程竣工验收报告"；验收合格后，建设单位填写"工程竣工验收备案表"，按有关规定报建设行政主管部门备案。

八、项目合同管理

在建设全过程中，要将合同管理工作作为工程项目管理的核心，要将合同管理工作始终贯穿于项目管理的全过程。

（一）项目建设中主要涉及的合同

1. 建设方直接签订的合同

项目管理合同；招标投标委托合同；工程建设总承发包合同；工程建设监理合同；专业工程发包合同；材料、设备采购合同等。

2. 施工承包商组织签订的合同

专项施工分包合同；劳务分包合同；专业分包合同；材料、设备采购合同；机械设备租赁合同等。

（二）合同管理控制要点

加强合同管理意识；明确合同管理的工作流程；制定必要的合同管理工作制度；建立合同交底制度；建立责任分解制度；重视合同文本分析；重视合同变更管理；加强分包合同管理；加强合同纠纷及索赔管理。

九、项目管理的组织协调

（一）对设计的管理和协调措施

了解工程总体进度对设计工作的要求；了解设计合同和工作进度安排；了

解设计工作的推进情况，提出存在问题并督促解决；了解影响设计的因素并积极推动协调解决；针对影响设计工作的问题召开综合协调会和专题论证会议；按照合同和设计工作完成情况及时协调支付设计费。

（二）对监理的管理和协调措施

了解监理合同的签订情况和监理单位的工作安排；充分发挥监理单位在质量、成本、进度和安全等方面的管理控制作用和主观能动性；审核监理单位监理文件和落实情况；积极主动与监理单位沟通，共商相关工作的协调和配合；定期评价监理工作并向有关方面提交报告。

（三）对总包的管理和协调措施

了解总包合同的签订情况和总包单位的总体工作安排；检查施工组织设计和相关的施工方案落实情况；以合同为手段，全面落实对总包单位在质量、成本、进度和安全等方面的管理；对总包提出的沟通需求积极联系相关方及时解决。

（四）对分包的管理和协调措施

协助分包建立与总包的分工和合作机制；协助分包解决施工中的各种问题。

（五）对供应商的管理和协调措施

以合同为手段管理供应商；协助建立供应商与总包和相关分包的合作机制；协助解决供应商的各种问题。

水利工程参建单位数字化与信息化集成策略

陈志春

甘肃省水利水电勘测设计研究院有限责任公司

摘　要： 在当代社会的快速发展背景下，数字化与信息化技术已成为驱动水利工程实施效率与质量跃升的关键因素。这些技术不仅极大地提高了工程管理的精确度和响应速度，还显著增强了各参建单位之间的协同效应。本文旨在深入探讨水利工程实施过程中，各参建单位如何通过实施数字化与信息化战略，实现资源的高效整合与流程的优化，进而提出一套全面的现代化管理框架，以期为我国水利工程建设提供科学指导和实证参考。

关键词： 水利工程；数字化转型；信息化协同；参建单位；工程效能

引言

水利工程作为国家基础设施建设的重要组成部分，其复杂性与综合性对各参建单位间的信息交流与资源共享提出了极高要求。在数字化浪潮的推动下，信息化已成为提升水利工程实施效率与管理水平的必然选择。本文通过对水利工程实施中各参建单位数字化与信息化实践的深入分析，旨在揭示数字化与信息化技术在水利工程管理中的应用潜力与挑战，为构建高效、智能的水利工程管理体系提供理论支撑与实践路径。

一、设计智库的数字化与信息化

设计单位作为水利工程实施的创意源泉，其数字化与信息化实践主要体现在利用建筑信息模型（BIM）、计算机辅助设计（CAD）、虚拟现实（VR）、云计算、大数据分析等来提高设计效率、质量和创新能力。

（一）建筑信息模型（BIM）的应用

BIM技术是设计单位数字化转型的核心。通过BIM，设计师可以在一个三维模型中集成建筑的所有相关信息，包括几何形状、空间关系、地理信息、材料属性、成本估算等。BIM的优势在于：

1. 可视化设计：通过三维模型直观展示设计意图，便于沟通和审查。

2. 冲突检测：自动识别不同系统之间的空间冲突，提前解决设计问题。

3. 协同设计：允许多学科团队在同一模型上工作，实时更新和共享信息。

4. 性能模拟：模拟建筑物的能源效率、光照效果、声学特性等，优化设计方案。

（二）计算机辅助设计（CAD）的升级

虽然CAD软件已经广泛应用于设计领域，但其功能仍在不断扩展。现代CAD工具提供了更高级的功能，如参数化设计、自动化绘图、智能对象等，这些都有助于提高设计的精度和效率。

（三）虚拟现实（VR）与增强现实（AR）的融合

VR 和 AR 技术为设计单位提供了沉浸式的设计体验。设计师可以通过 VR 头盔进入虚拟环境，直接感受和调整设计方案。AR 则可以将数字信息叠加到现实世界中，帮助设计师在现场环境中查看和修改设计。

（四）云计算与协作平台的建设

云计算技术使得设计数据可以存储在云端，方便多地点、多团队的实时协作。协作平台如 Google Workspace、Microsoft Teams 等，提供了文档共享、视频会议、任务分配等功能，极大地提高了团队的工作效率。

（五）大数据分析与智能决策支持

设计单位可以利用大数据分析技术，从历史项目数据中提取有价值的信息，用于预测市场趋势、优化设计方案、降低成本和风险。智能决策支持系统可以帮助设计师快速做出基于数据的决策。

（六）移动技术与应用

移动设备如平板电脑、智能手机的普及，使得设计师可以随时随地访问设计文件和应用程序。专用移动应用提供了便捷的测量、绘图、注释等功能，增强了现场工作的灵活性。

二、施工巨擘的数字化与信息化

施工单位在水利工程实施中承担着执行者的角色，施工单位的数字化与信息化是通过引入先进的信息技术和工具，实现施工流程的自动化、智能化和协同化，从而提高施工效率、质量和安全，降低成本，并为项目管理和决策提供强有力的支持。其数字化与信息化涵盖施工管理信息系统（CMIS）、物联网（IoT）、大数据分析、移动技术、云计算等，以提高施工效率、质量和安全，同时降低成本和管理难度。

（一）施工管理信息系统（CMIS）的集成

CMIS 是施工单位数字化管理的核心，它集成了项目管理、进度跟踪、质量控制、安全监测、成本核算等多个模块。通过 CMIS，施工单位能够实现：

1. 实时监控施工进度，确保项目按时完成。

2. 质量控制流程的规范化，减少缺陷和返工。

3. 安全风险的识别与预防，保障工人安全。

4. 成本的有效管理，优化资源配置。

（二）物联网（IoT）技术的应用

物联网技术通过连接各种传感器和设备，实现施工现场的智能化管理。

1. 使用传感器监控重型机械的状态，进行预测性维护。

2. 通过 RFID 或 GPS 追踪材料和设备的位置，提高物流效率。

3. 安装环境传感器监测施工现场的条件，如温度、湿度、噪声等。

（三）大数据分析与决策支持

施工单位可以利用大数据分析技术处理来自各个系统的海量数据，从中发现模式和趋势，为决策提供支持。

1. 分析历史数据，预测施工进度延误的风险。

2. 评估不同施工方法的经济效益，选择最优方案。

3. 监控供应链状态，预测材料短缺的可能性。

（四）移动技术与现场管理

移动设备和应用的普及使现场管理人员能够实时访问关键信息和报告。

1. 使用移动应用进行现场检查，记录问题并即时上传。

2. 通过平板电脑查看施工图纸和计划，减少纸质文档的使用。

3. 使用智能手机进行人员和设备的管理，如考勤打卡、任务分配等。

（五）云计算与协作平台

云计算技术使得数据存储和处理不再局限于单一地点，还可以分布在全球的服务器上。

1. 实现跨地域的项目团队协作，提高沟通效率。

2. 提供弹性计算资源，根据项目需求动态调整。

3. 保障数据的安全性和备份，防止丢失。

（六）BIM 与施工的结合

虽然 BIM 主要由设计单位使用，但施工单位也可以利用 BIM 模型进行施工规划和协调。

1. 使用 4D BIM（时间维度）进行施工进度模拟。

2. 通过 5D BIM（成本维度）进行成本估算和控制。

3. 在施工前进行虚拟建造，识别潜在的施工问题。

三、监理卫士的数字化与信息化

监理单位在水利工程实施中扮演着监督与指导的双重角色，监理单位的信息化与数字化是指在建筑工程监理过程中应用现代信息技术，以提高监理工作的效率、准确性和透明度。信息化与数字化工具的应用有助于监理单位更好地履行其职责，即对工程项目的质量、进度、成本和安全进行监督和管理。

（一）移动监理应用的开发与使用

移动监理应用允许监理人员在现场使用智能手机或平板电脑进行实时数据采集和报告生成。这些应用通常具备以下功能：

1. 现场检查：监理人员可以直接在移动设备上记录检查结果，包括照片、视频和文字描述。

2. 问题追踪：对于发现的任何问题，可以立即创建问题报告，并跟踪直至问题解决。

3. 进度更新：实时更新工程进度，确保所有参与方都能及时了解项目状态。

（二）监理信息平台的建立

监理信息平台是一个集成的系统，用于存储和管理与监理相关的所有数据和文档。

1. 统一管理监理日志、检查报告、会议记录等文档，便于检索和分享。

2. 提供数据分析工具，帮助监理人员识别项目中的潜在风险和问题。

3. 实现与项目其他参与方的信息共享，提高沟通效率。

（三）大数据分析与智能决策支持

监理单位可以利用大数据分析技术处理和分析监理过程中产生的大量数据，以支持更明智的决策。

1. 分析历史项目数据，识别常见的问题和解决方案，为当前项目提供参考。

2. 使用预测分析来评估特定施工活动可能出现的风险，并提前采取预防措施。

3. 通过数据挖掘发现监理过程中的低效环节，提出改进建议。

（四）BIM 技术的融合应用

虽然 BIM 技术主要由设计单位使用，但监理单位也可以利用 BIM 模型来辅助监理工作。

1. 使用 BIM 模型进行施工前的协调和冲突检测，避免现场施工中的错误。

2. 在施工过程中，通过对比 BIM 模型和实际施工情况，确保施工符合设计要求。

3. 利用 BIM 模型进行施工进度的可视化展示，便于监理人员和项目各方沟通。

（五）云计算与远程协作

云计算技术使得监理单位可以远程访问和共享项目数据，提高工作效率。

1. 通过云服务平台，监理人员可以随时随地访问最新的项目信息。

2. 云存储确保数据的安全备份，防止因硬件故障导致的数据丢失。

3. 云协作工具支持多方实时编辑和讨论，促进项目团队之间的合作。

四、业主统帅的数字化与信息化

业主单位负责水利工程的总体布局与资金调配，建设单位（业主单位）的数字化与信息化是指在建筑工程项目的整个生命周期中，利用先进的信息技术来提升项目管理的效率、质量和透明度。这包括项目策划、设计、招标投标、施工、竣工验收以及运营维护等多个阶段。其数字化与信息化包括以下几个方面。

（一）项目管理信息系统（PMIS）的建立

PMIS 是建设单位数字化管理的核心，它集成了项目管理的各个方面，包括但不限于以下几个方面。

1. 项目进度管理：实时跟踪项目进度，确保按计划执行。

2. 成本控制：监控项目预算和实际支出，进行成本分析和预测。

3. 合同管理：管理承包商和供应商的合同，确保合同条款得到遵守。

4. 风险管理：识别、评估和监控项目风险，制定相应的应对策略。

5. 文档管理：统一存储和管理项目文档，便于检索和共享。

（二）大数据分析与决策支持

建设单位可以利用大数据分析技术处理来自各个系统的海量数据，以支持更明智的决策。

1. 分析历史项目数据，为新项目提供经验教训和最佳实践。

2. 通过数据挖掘发现项目管理中的低效环节，提出改进建议。

3. 使用预测分析来评估特定决策的可能后果，帮助决策者作出更好的选择。

（三）BIM 技术的应用

尽管 BIM 技术主要由设计单位和施工单位使用，但建设单位也可以利用 BIM 模型来提升项目管理。

1. 在设计阶段，利用 BIM 模型进行可视化沟通，确保设计满足项目需求。

2. 在施工阶段，通过对比 BIM 模型和实际施工情况，监控施工质量。

3. 在运营维护阶段，将 BIM 模型转换为设施管理系统，提高设施管理的效率。

（四）云计算与协作平台

云计算技术使得建设单位可以远程访问和共享项目数据，提高工作效率。

1. 通过云服务平台，项目团队成员可以随时随地访问最新的项目信息。

2. 云存储确保数据的安全备份，防止因硬件故障导致数据丢失。

3. 云协作工具支持多方实时编辑和讨论，促进项目团队之间的合作。

（五）移动技术与现场管理

移动设备和应用的普及使现场管理人员能够实时访问关键信息和报告。

1. 使用移动应用进行现场检查，记录问题并及时上传。

2. 通过平板电脑查看施工图纸和计划，减少纸质文档的使用。

3. 使用智能手机进行人员和设备的管理，如考勤打卡、任务分配等。

（六）智能合约与区块链技术的应用

智能合约和区块链技术可以提高合同管理的透明度和效率。

1. 使用智能合约自动执行合同条款，减少人为错误和欺诈风险。

2. 利用区块链技术确保合同数据的安全和不可篡改性，增加信任。

结语

水利工程实施中各参建单位的数字化与信息化是提升工程管理效能与质量的关键。通过构建一体化的数字化与信息化平台，可有效促进各参建单位间的协同作业，实现资源的最优配置，确保水利工程的高标准完成。展望未来，随着技术的不断演进与应用的深化，水利工程实施的数字化与信息化必将迎来更为广阔的发展前景。为此，各参建单位应积极拥抱数字化转型，不断提升自身的信息化水平，共同推动水利工程建设向更加智能、高效、可持续的方向发展。

工程建设监理企业信息化管理系统设计探究

杨 锐 李 军

山西太行建设工程监理有限公司

摘 要：随着科技的不断发展，社会竞争越来越激烈，我国工程监理企业想要自身持续发展，就要不断创新，依据信息化的提升来增强企业的管理水平和企业核心竞争力。在国家领域管理不断规范，监理市场综合性能不断提升的前提下，将健全的综合管理信息系统应用到监理企业当中，使监理企业内部管理优化、制度规范、程序稳定。本文以某公司为例，对其系统性能、权限管理、业务流程进行探讨。在此，仔细地介绍了系统建设的目标、系统的结构、主要功能和关键技术。系统采用工作流的管理模式，在公文传递、业务处理、经营决策等与信息系统充分结合。事实证明，信息化管理的投入，在工作效率中起到非常关键的作用。

关键词：工程建设；信息化管理；监理

在我国工程建设领域开始实施工程监理制度时日已久，工程监理制度在工程建设中发挥着重要的作用，取得了显著成效，这也使广大人民开始重视工程监理制度的应用。住房和城乡建设部发布了关于培育发展工程项目管理企业的一些相关制度后，各监理企业在实施传统监理业务的同时，也向项目管理企业慢慢延伸；随之，在服务领域也不断开拓。目前，我国监管企业正处在从以前的陈旧制度向全新的项目管理业务发展的初始阶段。尤其是信息比较发达的现在，网络、计算机已经遍布全国各家各户，这就给监理企业管理打下了良好的基础。建设工程项目的壮大，信息传递的速度不断提升，因此，要高度重视信息化管理系统的建设，将其有效、合理地运用到工程建设领域当中。在工程的监理过程中是否将先进的信息化管理系统运用到工程实施中已经成为企业管理水平是否强大的判断标准之一，由此可见，信息化管理系统在工程建设中起到的作用非常大。

一、监理企业项目管理系统建设的意义

监理企业的信息化管理体系不仅能使企业管理机制得到改善，并且运用先进的信息化系统能够代替传统方式处理项目，从而使工程建设效率大大提升。在满足企业现有业务运作的需求条件下，通过网络技术、计算机技术、数据库等这些科技手段对监理人员工作中的监理信息进行收集、加工、处理、存储并作出相应的辅助策略，这样就能及时、准确地反映工程项目的建设质量、工期预测、投资效益等情况，使公司的管理层能获取相应的工程监理信息，从而对工程项目进行有效分析，并制定出相应的方案及措施。加强工程项目的监理，提高监理企业的工作效率。

（一）实现加快信息交流的速度

监理企业利用信息化管理系统的平台，使企业信息交流速度提升。各个部门的员工可以通过信息化管理系统将工作须知、公告、文件收发、项目文档快速有效地传递到相应部门，这样员工就能快速及时地查看相关信息，从而提高整体的工作效率[1]。

（二）实现工程项目的有效监理管控

监理企业利用信息化管理系统的平

台，实施对工程项目的有效管控，提升工程项目的监理管理工作。各工程项目监理将每天收集到的各种工程监理活动信息通过计算机体现到信息系统平台上，监理公司就可以及时获取各个工程项目实施过程中的所有信息，并对工程项目的监理环节及时地分析和检查，以提升监理企业对工程项目监理工作的有效管理。这样既能满足监理领导对监理的工作项目进行管控，又能方便监理项目与监理企业之间信息的传递。

（三）实现监理人员考勤管理监理

企业使用信息管理系统的平台，实施监理人员的考勤管理，规范工程项目监理人员管理。各企业工程监理人员将每天的工作内容通过网络的形式汇总到信息管理系统平台上，监理公司的各级领导对其下属提交的工作内容及文档进行分析审核及指导。这样既方便了员工的工作记录和备案，又能使监理企业领导及时有效地监理下级工作。

二、监理企业项目管理系统的功能构成

企业开发了管理系统模块功能，包括公共信息、系统管控、项目管理、日志管理、个人事务等，它是受国家版权局认定的项目管理系统。功能相对全面，基本包含了监理业务工作的所有内容，严格遵循"三控二管一协调"的监理工作方式，能够及时、全面地把控监理人员的工作情况和工作效率，满足多人同时对多个工程项目的监理工作管理的需求。主要模块功能如下：

（一）系统管理模式板块之间的关联

系统管理模块包括用户管理、权限管理和角色管理。权限管理是将程序的各项目录、按钮操作定为权限。角色管理为权限的总和，角色分配给用户。不同的角色可以拥有不同的权限，不同的用户又可以担任多个不同的角色，通过这种方式，使进入系统的用户具有各自的权限[2]。

（二）公共信息模块的运用

公共信息模块包括通知公告、站内公共资料、制度规范等。公共信息把所有的制度、政策、活动集中地发布到信息管理系统平台，使用户能够清晰地掌握企业重要动态，也可在此之上进行信息互动，从而将企业信息快速地传达给每个人。只要登录信息平台，系统就会提醒新消息，这样就能快速地实现信息传递。

（三）日志管理模块内容体现

日志管理模块包括日志录入、日志审核、日志查询汇总等。工作日志是如实全面反映每天的监理工作内容的最佳体现。工作日志还可以使公司管理层全面地掌握员工的工作状态和工作情况。通过对工作日志的总结分析，公司可以及时地了解工程项目监理工作的进展和工程项目的投入情况。

（四）项目管理模块的内容

项目管理模块包括项目监理档案、项目合同、业主承包资料、项目月报等。项目管理模块可以针对项目的进程控制、投资控制、安全管理、合同管理、信息管理、质量管控等有关程序和内容进行有效监理[3]。及时上传建立过程中的相关资料，使企业管理能有效实时地对工程的进展情况及合同实施情况进行控制。另外，通过企业工程技术规范、标准、法律法规和监理企业工程监理技术作业文件资源、信息的有效积累，为形成企业知识库打下基础，大大提高了企业监理的管理水平。

三、需求分析

（一）公司管理需求

系统包含监理公司的具体管理工作，包括企业用户、办公管理、员工管理、信息查询、公司财务、项目管理和投标管理等需求。

1. 在系统首页建立内部网站，栏目设置成公司的动态、员工的动态、通知信息和员工论坛等。

2. 办公管理的子系统包含档案处理、车辆管理等功能模块。

3. 员工管理的子系统包含员工签署的协议、员工人数登记、员工工作天数、培训管理和考试管理等功能模块。

4. 信息查询的子系统包括办公文件的查询、程序制定的查询、竞选投标查询和项目合同查询等功能模块[4]。

5. 公司财务的子系统包含总账目和明细账目等功能模块。

6. 项目管理的子系统包含项目台账和设备台账等功能模块。

7. 投标管理的子系统包含标书模板、资格审查资料和个人资质业绩等功能模块。

（二）角色及权限

系统角色按权限的不同可以分为管理员和操作员。管理员负责对系统进行研发、完善和维护管理。在公司使用的过程中，管理员可以根据企业的需求去研发或创建子系统的功能模块，也可以对已生成的子系统和功能模块进行调整。总之使企业内部系统不断优化，从而满足公司信息化管理的迅速发展。在后台负责管理资料的录入、修改、删除等一切工作，都要维护系统使其能正常运作。依据公司人员的工作和任务、公司各部门职能及现场监理项目，系统的子系统

和功能模块都设置了不同的权限，员工进入系统后进行网上工作、办理业务、个人信息查询、综合信息查询等都要保证其信息不泄露。

四、监理企业信息化管理系统的功能设计

（一）功能模块

1. 办公管理模块

办公管理模块负责信息的管理、人力资源管理、固定资产管理、合同管理等内容。以通知告知的方式，将企业文件、企业公告及时传达至员工。员工登录系统后，系统就会在第一时间通知员工及时接收文件；而运用网上审批的功能，即使领导不在公司内部，也能有效地对文件进行审批，在工作中就不会受到时间和空间的限制[5]。

2. 工程监理模块

工程监理模块明确建立了程序和内容，包括质量方面的把控、进度方面的实施、成本的控制、信息的采集和整理、合同的签署等要素。对监理工作的信息资料能自动进行处理和保存，定期生成监理的清晰数据，为今后监理工作提供了可靠的参考。

3. 工程管理模块

工程管理模块清晰地提出了项目管理程序和内容，包括项目竞选管理、工程施工管理、人员技能管理等，定期把生产进度、资料技能提升的数据传输到数据库，在此基础之上创建出更好的工程管理体制，为工程建设打下良好基础。

4. 资源管理模块

资源管理模块用来建立完善的信息资料数据库，主要包括：①材料、设备的市场价格，对供应商的信息进行整理；②技术的规范行为汇总；③汇集工程监理相关的法律法规，让员工在工作中快速地知悉其相关法律法规。

（二）关键技术

1. 工作流

将工作流运用到实际工作中，实现了业务数据和处理流程的一体化，有效地提高了对业务信息共享、互换、监管、文件传输审批的智能化形成与管理。具体包括工作流引入、管理机制体系、监控设备、流程编辑工具、任务的执行等内容。

2. 浏览器

由于监管人员的工作地点不一，因此，系统的应用就要利用浏览器打破时间和空间的限制，方便监管人员工作的顺利进行[6]。

3. 可开拓平台

系统利用可开拓平台，其具备的良好的开放性和拓展性，既能满足企业的管理需求，又能开发企业以外的和企业相关的信息技术。

（三）"监理通"在监理企业信息化管理中的应用

1. 功能结构

"监理通"的决策能够有效地运行至整个系统，功能作用是用户管理、经营分析、风险把控，具体包括5个子系统：①市场运营；②业务管控；③财务管控；④人力搭配；⑤行政管理。

2. 应用价值

"监理通"的应用平台如下：①互相沟通。如手机设备、电子邮件、系统消息相结合，提高企业内部信息的传递效率，使信息交流及时准确无误。②信息发布。发布企业相关信息、重要通知通告，形成企业有序的流程。③数据采取。对经营数据、业务数据、费用数据进行编排、合成、共享，明显提高了企业的管理效率。④协助共同审核。业务审核、行政审核实现电子化监管，对各部门的协作有着重要的作用。⑤项目管控。采取全生命周期的管理模式，实时掌握项目运行情况，精细企业的管理。⑥知识共享。对企业相关资料、项目相关内容进行统一管理，提高内部资料知识的使用价值。⑦资源管理。办公用品、车辆、基础设施、会议室等使资源得到充分利用。⑧人力资源。科学管理员工，定期给员工进行专业知识的培训。⑨移动办公。利用智能的先进设备进行办公，突破时间、地点的限制，从而提高工作效率。⑩系统集成。提供内外接口和企业上游、下游资源的链接，提高信息化的水平。

五、监理企业信息化管理系统建设策略

（一）企业对建立信息化管理系统应准确定位

监理企业对建立信息化管理系统应设定好其位置，为能更好地服务于工程企业的实施当中，就要确定企业信息化管理系统建设的基本需求、发展模式和应用。

（二）企业领导应充分认识到信息化管理系统的重要性

企业领导在工作中合理应用信息化管理，坚持使信息化管理应用到企业建设当中，使企业的管理水平更上一层楼。那么系统也会被迅速地应用起来，反之，如果企业领导未起到带头作用，其信息化管理系统推广就会很困难。总之，信息化管理系统的应用可以有效地提高企业的管理效率，办公系统也会通过使用

信息管理系统实现网上审批，高效快速地完成整个企业的审批。另外，企业管理层人员还可以通过信息化管理系统实现对不同项目的实时管控，以及掌握项目的进展情况。

（三）编制信息管理手册和工作管理流程

要想使企业信息化管理系统得以正常运行，就要建立健全的信息化管理制度。建立制度是为了更好地服务于企业管理工作，使其更规范。规范其信息编码体系，规范其收集、录入、审核、加工、传送和发布信息等一系列流程，促进管理工作的规范化、合理化、科学化和程序化[7]。

（四）设置专职的系统管理员

在企业中设置专职的系统管理部门，时刻关注企业信息化系统的发展与作用。因为信息化管理系统是建立在互联网之上，所以系统管理员需要对网络专业知识熟练掌握，对系统的建立、软件硬件设备维护能熟练操作。信息系统的初建十分关键：首先，要保证设备的正确安装。其次，对企业的员工根据其不同的工作性质设定不同的权限，根据企业的相关规章制度，建立各种审批流程等。再次，定期检测系统的安全性能和运行的有效性，对企业相关工作人员进行定期的业务培训。最后，系统管理员还要依据系统的运行和企业的业务发展，建立相关的应用系统。

结语

在我国经济突飞猛进的背景下，监理企业在企业建设中选择采用信息化管理，实现了信息高效快速传递，提高了工作的整体效率。文中以"监理通"为例，介绍了系统的功能结构和应用价值，希望能使监理企业得到迅速发展。

参考文献

[1] 李军. 工程建设监理企业信息化管理系统设计与应用 [J]. 居业，2018 (7)：89，91.

[2] 赖跃强，杨君，徐蕾，等. 工程建设监理企业信息化管理系统设计与应用 [J]. 长江科学院院报，2016，33 (6)：140-144.

[3] 万燕. 企业信息化人力资源管理系统的设计与实施 [J]. 市场观察，2015 (z1)：239-240.

[4] 胡国祥，付军. 企业信息化管理系统设计 [J]. 科技创新导报，2014，11 (6)：183.

[5] 张荔. 企业信息化内容管理系统的设计与实现 [D]. 成都：电子科技大学，2013.

[6] 张微. 企业信息化人力资源管理系统的设计与实施 [D]. 兰州：兰州理工大学，2009.

[7] 郭运宏，乔菊英. 通信设计企业信息化管理系统的分析与设计 [J]. 郑州铁路职业技术学院学报，2008 (2)：28-29，35.

互联网时代下监理的合同和信息管理

郭凤翔

山西鲁班工程项目管理有限公司

摘　要：2015 年 7 月 4 日，国务院印发了《国务院关于积极推进"互联网+"行动的指导意见》（国发〔2015〕40 号），对积极推进"互联网+"行动，推动技术进步、提升效率和创新力，提出了指导意见。由于各种互联网功能的相互融合，极大解放了建筑行业信息生产力，尤其对于监理这一高智能服务的团体，更是要抓住这个机遇，提升监理工作水平，做好监理工作中的合同和信息管理。

关键词：互联网；合同管理；信息管理；智能型服务

"五化"并举、"两化"融合是当前我国社会、经济发展的重大战略选择，对推动行业的发展和信息化建设都是一个难得的历史机遇。随着互联网技术在我国的快速发展，如何利用互联网平台和信息通信技术，加快推动互联网的创新成果与各行各业进行深度融合和创新发展，充分发挥"互联网+"对促改革、防风险的作用，2015 年 7 月 4 日，国务院印发了《国务院关于积极推进"互联网+"行动的指导意见》（国发〔2015〕40 号），对积极推进"互联网+"行动，推动技术进步提升效率和创新力，提出了指导意见。

一、监理的合同管理

合同管理就是对合同的框架、类型、主要部分和条款进行分类、汇总，形成该工程的合同结构，确定合同内容符合工程总体进度计划和投资概算。对于监理人员要做的不仅是监理合同的管理，更多是要对诸如勘察合同、设计合同、工程承包合同、加工合同、材料与设备供货合同、运输合同等合同进行管理。

监理工程师的权利和责任都来自于合同，在工程建设实施阶段，对监理工作范围内的合同履行进行全过程的监控、检查和管理。由于合同管理对项目的进度控制、质量管理、成本管理有总控制和总协调的作用，所以它是综合性的、全面的、高层次的管理工作，所以监理单位（尤其是总监理工程师）应全力配合建设单位做好合同管理的工作内容。

在《建设工程监理规范》GB/T 50319—2013 中 6.1 条的一般规定中，项目监理机构应依据建设工程监理合同约定进行施工合同管理，处理工程暂停及复工、工程变更、索赔及施工合同争议、解除等事宜。其中 6.2 条至 6.7 条逐条详细作出了对合同管理的相关规定，作为总监理工程师的合同管理工作包括：审核与监理项目有关的合同文件，做好工程变更及补充协议的审核工作。在工程开工前熟悉各类合同文件，尤其是针对个体工程的专用合同条款要掌握，并能做到正确理解，为今后工程合同解释做好准备。

在合同执行过程中，把握公平、公正的原则，并考虑通常做法，做到解释有理、有据，以理服人。

（一）事前控制：合同分析是监理工程师的一项重要工作

工程监理过程中，监理工程师应首先进行合同分析，根据建设单位提供的各类合同，对每个合同的条款内容进行分析。掌握合同履行的要点、难点，考察合同实现的可能性、可能发生纠纷的地方。做到事事在先，胸有成竹。

（二）事中控制：合同跟踪是监理工程师的工作根本

监理工程师应对合同进行跟踪，如工程进度计划的执行情况，是否滞后，原因在哪里；找到原因，就要有相应的解决办法及落实情况。如工程质量方面，材料、设备、半成品及构件等是否按合同约定内容，是否按合同规定的规范、规程进行监督检验；各检验批、分项、分部工程是否按设计和规范进行施工及验收等。如工程投资方面，是否严格进行合同约定的价款管理；当出现合同约定的情况时，对合同价款进行调整；对预付工程款进行管理，包括批准和扣还；对工程量进行核实确认，进行工程款的结算和支付；对变更价款进行确定；对施工中涉及的其他费用，如安全施工方面的费用，专利技术等涉及的费用，根据合同条款及有关规定处理；办理竣工结算等。

（三）事后控制：善始善终，做到心中有数

监理工程师对合同的完成情况进行总结，是否存在工程索赔；合同是否为部分或者全部完成；是否需要针对招标清单中的项目进行核查，是否有缺项、漏项等。监理工程师还应对整个项目所有合同的完成情况进行系统分析，这也需要通过网络才能有更高层次的管理与更快速度的消化。

二、监理的信息管理

在管理科学领域中，信息通常被认为是一种已被加工或处理成特定形式的数据。或者说信息是反映客观事物规律的一些数据，因此是进行决策的依据。在工程建设监理工作中信息是一项极其重要的资源，还可反复使用。信息是可以识别的，人们可以通过感官或各种检测手段，直接或间接地识别。经过识别的信息可以用语言、文字、图像、数据等表示出来。

信息是可以处理的，计算机通过软件来实现信息的自动化处理。借助于电子数据管理技术和计算机网络技术，使信息可以传递并实现信息资源共享。信息管理的监理工作主要表现在工程资料的收集与整理，以前是通过分类归档、台账等形式，现在把这些类型通过计算机各种管理平台的软件来填表、汇总及整理，一目了然。

监理工程师将收集到的有关工程信息加以整理，以便作出科学合理的决策，对工程项目三大目标实施最优控制；与项目建设各有关单位之间及时进行信息沟通，使大家协调有序地工作，保障工程的顺利进行。

在《建设工程监理规范》中信息管理主要是针对工程资料的收集与整理。实际监理工作中信息管理是一个比较复杂的管理过程，需要经过人的大脑将所看到的、所听到的，以及工程实际过程中发生的，经过转化成为资料而表现出来，这就要求计算机信息化的管理加入工程监理的管理之中，建立完善的信息管理系统，以便卓有成效地完成建设监理任务。

利用计算机及其互联平台对各种信息进行加工、分类、整理和储存。

1. 工程项目建设前期的信息收集：计划任务书及其相关资料、设计文件及有关资料、招标投标合同文件及有关资料。

2. 施工中的信息：业主方面的信息、承建商方面的信息、建设项目监理的信息、工地会议信息、与项目建设有关的外部信息等。

3. 工程竣工阶段信息：主要是与工程验收有关的信息，完整的竣工资料应由承建商编制，监理根据掌握的有关工程信息进行严格审查后，移交业主或管理运行单位保存等。

三、互联网新形势下的工程监理

毋庸置疑，大数据是互联网的核心引擎，而工程监理的核心又何尝不是数据信息呢？监理工作本质就是将现场采集的数据，如投资、质量、进度以及合同与资料，与设计、标准、计划数据进行比对，对现场获取的信息进行研判，通过语音、文档（电子、纸质）把这些数据（信息）传递给参建各方，体现监理的工作行为。

建设工程项目的复杂性、不确定性和参与单位众多等特征，导致在项目的实施过程中，项目信息分散存储且不均匀分布在众多的参建单位之间，这样项目的决策者、管理者、实施者获取项目信息的及时性和准确性不足，项目信息无法在所有项目管理者之间实现透明化。项目管理人员对项目信息理解的主观随意性强，以及信息人工存储传递时极易出现的传递缺失等原因，在传统的管理模式下，即使采用正确的管理方法和手段，也很难满足建设工程项目的信息管理需求。这就需要有互联网这个透明而且可操作性好的平台来对建设工程进行管理。

例如，某大型建设工程，监理进驻现场后，首先要对所有已经签订的合同进行收集，并输入合同管理系统，对合同主要条款进行输入、对比，并生成合同台账。合同系统对不同的角色有不同的设定，如建设单位可以看到哪些内容？施工单位可以看到哪些内容？这也保证了合同中不可公开内容的保密性。在之后的工作中，如出现与合同有关的事宜，只要运行合同管理系统，就可以很快查到需要的信息，不需要像以前去找合同原件。工程资料更是这样，一个项目资料多达百类，但是运行网络管理平台后，电脑会自动分类、整理与压缩。如混凝土浇筑前的验收，某层某轴，验收时间。施工单位自检合格后，填入管理平台，并在平台提出申请，监理人员在平台接收到验收申请后，按时去现场进行验收，并填写验收记录情况和实际的影像资料。这一系列过程完成后，系统将锁定信息，不能再改动，形成了一个小小的检验批验收。多个检验批形成分项、分部，以至整个工程。

各方加入网络管理平台，大大缩短了沟通时间，加快了工程进度，同时保证资料的准确性与可追溯性。

四、信息化对监理服务工作的促进

作为监理公司，始终会把监理服务品质作为公司发展的重要支撑，通过不断提升监理服务品质，提高客户满意度，巩固企业市场地位。

（一）利用网络平台有利于提升项目监理部对合同的有效管理

传统的管理手段难以对项目合同信息及时掌握，特别是合同内容较多时，单凭记忆或者文件资料，寻找比较困难，既浪费时间，又容易出现错误和疏漏，造成决策判断的失误。

通过监理软件平台，例如合同管理系统，实现对监理项目信息的汇总，并对项目信息实时更新，准确反馈合同执行情况、完成情况；各施工单位的人员情况及施工动态；以及在整个项目的监理过程中，每个合同的信息、资料的完成程度；项目建设过程中的变更内容，包括变更的部位、数目、类型、时间等；施工单位工期的延期或延误以及索赔情况；在实施过程中有哪些合同争议方面的内容，合同是否必须解除。

（二）采用信息技术进行监理文件资料管理

通过网络平台，审批各类监理文件，施工单位通过平台可以上传需要监理签字的各类文件，需要什么人来报，哪些人来审批，包括修改及审批意见，这样，一方面可以督促施工单位能按要求尽快完成各类资料的编制与实际工作的自检记录，另一方面也促进了监理工程师能按要求实事求是地完成审批。

在项目结束时，项目监理机构应及时、准确、完整地收集、整理、编制、传递监理文件资料。宜采用信息技术进行监理文件资料管理。

（三）参建各方共享合同，共享信息，实现共享需求

处在信息化的当代，各种新兴信息技术蓬勃发展，信息技术冲击社会各个阶层，作为监理工程师利用好互联网技术，不仅能提升项目管理效果，同时可以加快信息处理速度。例如采用建立项目管理人员微信群的方式，组织一个与项目相关的各参建单位负责人员工作交流平台，将项目推进过程中发现的各种问题和工作指令，通过这一交流平台及时传递给问题解决者或指令执行者，并告知其他相关人员，避免出现多头指挥和指令不明确，以及由于信息不畅的处置延误及管理混乱现象，有助于项目各项工作的推动。通过互联网交互的各种平台，各阶段、各关键指标、各组织、各专业、当前的供应信息共享不再局限于相邻成员之间，任何成员在共享信息范围内都可以和其他节点进行信息访问与共享需求。

（四）各种互联网平台的应用推动着监理工作的改变

例如，作为国家大力推行的建筑信息模型（BIM）技术，监理必须掌握并使用BIM技术武装自己。监理基于建设信息模型的工作，可以做好事前控制，对工程建设的质量、进度、投资进行预判、分析，对安全和信息流进行有效管理，为业主提供公正、科学的决策方案，提供真正的智能服务。

例如，监理通软件平台，利用这一平台，可以很快地找到各种规程、规范，无论在监理的平时工作中，还是要提升自身技术水平的学习中，只要掌握好这个平台的运用，都能让监理工程师工作起来信心增加，改变以往的工作习惯。

（五）借助互联网，加强合同和信息管理，提升监理服务

以云计算、大数据、物联网、移动互联网、人工智能等为代表的信息技术飞速发展，驱动着整个工程建设行业转型升级，而大数据是驱动项目管理转型升级的关键支撑。

监理企业在工程建设领域中有着重要地位，应该借助互联网，在工程建设

领域找准位置，找到合适的角色，加强合同和信息管理，利用信息管理技术和手段，成为互联网新形势下的工程建设信息化平台的主导者、应用者、传播者，成为真正独立的第三方，为建设单位提供智能型服务，全面提升监理企业的服务。

通过建立智能化信息管理系统，对信息资源统一规划，将碎片化信息有效整合，发挥信息"大数据"应有价值，推动监理的合同与信息管理工作向数字化、精准化迈进。在这个时代大潮中，找准工程监理的位置，把握建设工程的脉搏；加强思想转变，加大监理企业的创新力度；加强建设工程中各方的团结协作，提升整体监理行业的地位；在互联网时代，工程监理企业应该引起高度重视，比建设单位、施工单位的反应要快一步，适应新形势的要求，为建设单位提供公正、科学的智能服务，为建设工程的顺利完成保驾护航。

参考文献

[1] 中华人民共和国住房和城乡建设部. 建设工程监理规范: GB/T 50319—2013[S]. 北京: 中国建筑工业出版社, 2014.

数字化监理在景宁抽水蓄能电站建设中的应用

王　波　　杨德铭

中国水利水电建设工程咨询北京有限公司

摘　要： 抽水蓄能电站建设飞速发展，因其工程复杂、工期长、涵盖专业多等特点，给工程监理带来了极大的挑战，数字化、智能化转型成为抽蓄监理行业破解困境、顺应发展趋势的必然选择。本文以浙江景宁抽水蓄能电站工程建设为例，介绍数字化监理在景宁抽水蓄能电站建设中的应用，并分析取得的效果。结果表明，数字化平台的应用可帮助监理机构在质量、安全、环境保护、水土保持、进度、信息管理等多方面提升工作效率，为抽水蓄能监理行业的数字化转型和升级提供了有益参考。

关键词： 数字化监理；景宁抽水蓄能电站；数字化应用

引言

抽水蓄能电站作为新能源领域的重要支柱，凭借其高效稳定的特性，历经百年考验，据国际水电协会（IHA）发布的 2021 年全球水电现状报告中显示，抽水蓄能电站全球总装机容量为 1.59 亿 kW，占储能总规模的 94%。随着抽水蓄能电站建设迈入快速发展的黄金时期，抽水蓄能电站工程监理也产生了前所未有的挑战。与常规水电行业相比，抽水蓄能电站存在工程复杂、工期长、涵盖专业多等特点，这些都极大地增加了监理机构对工程安全质量管控的难度。

数字化、智能化作为工程建设行业的新质生产力，其发展已势不可挡，数字化技术飞速发展同样为抽水蓄能电站监理行业带来了转机，监理行业必须顺应这一潮流，通过优化并改变传统的监理模式，破解当前面临的困境。在此背景下，2024 年 11 月实施的《水电水利工程施工监理规范》明确规定了抽水蓄能电站工程监理应借助数字化变革的浪潮，对工作理念、工作方法和工作手段进行全面革新，借助数字化的发展推动监理工作向更高效、智能、精准的方向迈进。

本文以浙江景宁抽水蓄能电站监理部为例，介绍景宁抽蓄监理部借助数字化平台的应用，在工程质量、安全、进度管理等多个方面实现精准有效的控制管理。为抽水蓄能监理单位在新形势下如何应用数字化平台高效提升管控效率提供了有益的参考，更为水电监理行业数字化转型和升级提供启发。

一、工程概况

景宁抽水蓄能电站位于浙江省丽水市景宁畲族自治县沙湾镇和梧桐乡境内，地处浙南山区。电站距离 500kV 丽西变电站约 25km，电站接入系统便利，受、送电条件良好。电站总装机容量

1400MW（4×350MW），单机额定流量为 64.1m³/s，额定水头为 630m。工程规模为一等大型工程，其中引水下斜井长 490.8m，建设完成后可刷新国内单级长斜井长度纪录。电站建成后主要承担浙江电网的调峰、填谷、储能、调频、调相和备用等任务。枢纽工程主要建筑物由上水库、下水库、输水系统、地下厂房和开关站等组成。

电站采用 EPC（Engineering Procurement Construction）工程总承包施工模式建设，工程施工总工期为 67 个月，静态投资 77.2 亿元，自 2022 年 10 月项目核准通过后，目前已进入土建高峰期，计划于 2027 年 10 月 1 日首台机组发电。

二、数字化监理应用

景宁抽水蓄能电站为提升景宁项目调度效率和决策能力，将中控楼作为指挥中心提前施工并使用，首创国内抽蓄电站指挥中心与中控楼永临结合，项目公司为了更有效发挥指挥中心数字赋能，分别开发了智能建造平台和智慧工地系统，从而实现了全面监控、实时数据展示和远程指挥的功能。景宁监理部借助项目公司的数字化平台为自身数字化监理赋能，推动传统的监理服务模式从相对粗放管理向精细化、智能化方向转变。此外，监理部也积极开发自身的"简道云"系统平台助力监理人员高效办公。

（一）质量管理

1. 数字化监控

以电站岩锚梁浇筑为例，监理部为实现关键工序、隐蔽工程无死角旁站，确保高质量施工效果，采用数字化监控手段与传统的监理人员现场旁站相

融合，在每仓岩壁吊车梁浇筑区域，高清监控摄像 360° 无死角地拍摄岩锚梁混凝土浇筑全过程并实时发送到后方指挥中心大屏，帮助后方监理人员实时动态掌控现场全过程浇筑信息。一方面提高了浇筑过程中的可控性，使监理人员精准地把握现场旁站盲区的施工质量情况，及时发现并纠正浇筑过程中出现的偏差。另一方面浇筑完成后自动留存的影像资料还增加了信息的可追溯性，有效降低了人为因素导致的质量缺陷及安全风险。浇筑结束后，各参建单位通过影像资料对出现的问题进行分析，为后续浇筑质量的评估和优化提供了科学依据。

2. 线上质量验评

以往质量验收、单元评定工作对于各参建单位而言都是大难题，监理人员往往被日常繁重的签字事务所束缚，施工单位验收评定时四处找人签字也涉及多个部门人员的协调，往往导致流程拖沓，同时由于纸质表格的格式限制和现场环境复杂，数据录入容易出错且效率低下。

为了全面提升验收评定资料的智能化管理水平，景宁抽水蓄能电站验评资料均采用线上流程填写，实现了无纸化操作、查看和签章。这种跨终端的协同操作模式，基于高效的数据传输协议，确保各个终端设备之间的数据实时更新与同步，无论监理人员身处何地，使用何种设备，都能便捷地参与到验评资料的管理流程中。同时验评资料与施工单位结算挂钩，一方面增强了施工单位对验评资料准确和及时的重视程度，另一方面也让监理人员从繁重的日常签字事务中得到了解放，极大地提高了工作效率和验评进度。

3. "随手拍"整改闭合平台

以往监理人员发现问题后，一来需要找到相关负责人叙述存在的问题，二来后续跟踪处理不方便，没有相关的台账记录，出现了问题整改闭合周期长、整改率难保证等问题。为此项目部开发了"随手拍"整改闭合平台，全方位加强电站建设过程中安全质量管理，充分发挥信息化平台优势。

现场监理人员在巡视检查中对发现的各类施工质量问题及安全隐患，可选定具体的施工部位、问题类型及整改时间，上传平台点对点通知到相关责任人，责任人根据整改要求和时间进行整改并回传。监理人员判断是否满足整改要求，满足则自动归档闭合，不满足则要求再次整改，长时间不整改可进行登记提示，为后续监理人员下发违规警告单提供依据。

通过这一平台改变了传统管理模式下发现问题与整改反馈效率低下的状况，显著提升了问题整改率，使得问题能够得到及时有效的整改，为景宁抽水蓄能电站的现场安全质量管理筑牢了坚实的防线。

（二）安全与环保水保管理

1. 智能监测系统

景宁抽水蓄能电站分别利用 AI 识别、智能图像识别分析等前沿技术，实现了数字化安全生产智能监测预警系统与数字化监控系统的完美融合。监理人员应用此套系统自动识别各工作面的异常情况和不安全行为，并联动指挥中心发出告警，监理人员在指挥中心即可自动识别多个工作面中的安全隐患，并及时告知现场监理人员进行处理，确保在萌芽阶段消除安全隐患。

此外告警信息一旦生成，系统会自

动生成隐患整改通知单，并及时通知到相关责任人，帮助监理人员后续追踪整改。这种智能化的管理方式，不仅极大地提高了监理人员识别安全隐患的效率，还确保了每一个潜在风险都能得到及时、有效的发现与整改，帮助监理人员依托数字化平台为电站的安全稳定运行提供有力保障。

2. 无人机巡视巡查

景宁抽水蓄能电站监理部将无人机巡视检查融入监理的日常工作，凭借无人机独特的空中视角与高度的灵活性，不仅帮助监理单位建立"空中之眼"，也为监理单位在建设过程中的安全、高效巡视插上腾飞的翅膀。

监理人员能够在无人机控制平台远程向无人机下发巡查指令，或设置每天定时自动起降的航线，使无人机到达指定点位完成巡查拍摄任务。同时无人机搭载的高清摄像头和传输系统，能够实时将数据回传至指挥中心大屏，便于影像数据留存。此外，监理人员每日通过无人机对各个作业面进行高效、安全的巡查，帮助现场监理人员及时发现施工作业中存在的问题。目前监理部通过无人机巡视检查已在安全管理、质量管理、形象进度监控以及用地合规管控等方面，取得了显著的应用成果，为水电监理行业高效履职开拓了新的思路。

3. 环保水保监测

景宁抽水蓄能电站致力于打造环境友好型工地，重点关注施工区大气环境、地下洞室空气质量、营地固体废弃物、生产和生活污水处理及边坡绿化治理等方面。

工程建设施工区及地下洞室安装有各类智能监测站点，实时对各类污染物及有毒有害气体进行检测，并将结果实时发布在户外数据大屏上，监理人员发现数据异常时可及时督促排查污染源，落实整改措施，确保有限空间施工安全。营地固体废弃物和生产及生活污水处理均有相应的处理设备，对污染物去向进行实时监测并及时反馈相应的数据，解决了环境问题，监理人员跟踪难、施工单位治理难的问题，仅通过返回的数据能清晰地掌握污染物的具体去向。

通过智能化、信息化的环保、水保监测系统，帮助监理机构掌握环保、水保信息，并通过实时反馈的数据采取有效的保障措施，最终实现电站建设与生态保护的和谐共生。

（三）进度管理

景宁抽水蓄能电站工作面多、工程点位广，对监理机构施工进度管控提出了极高的要求。为此采用了P6（Oracle Primavera P6）工程进度分析软件与三维可视化平台相结合的方式进行地面实体电站、云上数字电站同步进度管理，景宁监理部借助这个数字化进度管控平台实现了对施工进度的高效把控，具体应用内容如下：

通过将P6软件中的施工进度计划导入三维可视化平台，实际施工进度比计划提前的用绿色在模型中表示，比计划滞后的用红色在模型中表示，监理人员可以直接在三维模型中查看各具体部位的施工进度情况，摒弃了以往会议室中"纸上谈兵"对着进度聊现场的方式，实现了对着现场实际部位聊进度的转换，这种可视化的进度管理方式使监理人员能够更直观地了解施工进度，及时发现进度滞后或超前的问题，并采取相应的措施进行调整。

当施工进度有所滞后时，监理人员可分析滞后的原因并制定相应的解决方案，可通过调整输入三维模型中的进度计划、现场配置的人员设备资源等信息，对施工现场的资源进行动态调整，将滞后部位调整后的解决方案输入三维模型中进行模拟和验证，判断新进度计划的可行性和有效性，避免资源浪费和不足，提高决策的准确性和科学性，确保施工计划有序执行，施工进度按序推进。

（四）"简道云"信息管理系统

景宁监理部除了借助项目公司的数字化平台办公外，还积极独立自主地开发数字化应用"简道云"信息管理系统，提升监理机构工作效率。"简道云"系统内置五大独立模块，内容分别为现场监理管理、安全监理管理、试验检测管理、工程测量管理以及综合管理。

现场监理管理模块中，填报系统为监理日志、旁站记录中的必填内容等进行了明确规定，监理人员可依提示准确填写并迅速整理归档；安全监理管理模块针对安全监理记录、危大工程风险管控记录等提供填报引导，且涵盖安全隐患闭合、危大工程检查验收等台账信息，助力把控安全环节；试验检测管理模块为试验监理人员提供试验检测监理记录模板，还对原材料抽检、中间产品试验及不合格品处理台账留档，保障施工质量；工程测量管理模块辅助测量监理填报记录，对计量、控制点测量、测量仪器检定台账进行留存，为工程测量提供数据支撑；综合管理模块涉及多方面，可供监理人员填写工作计划、申请请假、反馈生活意见，办公室统一收集处理，员工考勤台账也发挥管理作用。

"简道云"信息管理系统全面覆盖监理人员工作生活各层面，不同专业监理都能借助对应模块高效办公。该系统已在景宁抽水蓄能电站建设中成熟应用，深度融入监理人员日常工作，成为不可或缺的管理工具。

结语

浙江景宁抽水蓄能电站监理部积极应用数字化手段，在工程建设的质量、安全、进度等多方面实现有效管控。监理部数字化应用实践证明，数字化、智能化是抽水蓄能监理行业破解困境、顺应发展趋势的必然选择，运用数字化平台服务监理工作对提升管控效率、保障工程质量与进度以及促进生态和谐等方面成效显著，同时也对抽水蓄能监理行业的数字化转型具有积极的示范意义。

参考文献

[1] 吴绍靖. 监理工作中进度质量投资控制与安全信息协调管理的一体化探究 [J]. 建材发展导向，2024，22 (20)：61-63.
[2] 朱勇智. 基于数字化技术的建筑监理流程优化研究 [J]. 中华建设，2024 (1)：58-60.
[3] 单正猷，王帅，汤东航. 数字化赋能智慧监理技术探讨 [J]. 建设监理，2024 (9)：5-8.
[4] 张玉萍. 数字化技术在水利工程监理中的作用与前景 [J]. 工程技术研究，2023，8 (22)：174-176.
[5] 吴建宏，侯延学. 金寨抽水蓄能电站监理安全管理纪实 [C] // 中国水力发电工程学会电网调峰与抽水蓄能专业委员会 2020 年学术交流年会论文集.
[6] 施超. 监理企业数字化转型困境与选择 [C] // 中国交通建设监理协会 2022 年度学术论文集.
[7] 付旋，文臣. 创新监理管理模式：数字化技术在抽蓄电站建设监理中的应用 [C] // 抽水蓄能电站工程建设文集 2021 专题资料汇编.

AI 赋能工程监理行业：创新与展望

李 霁

温州市建设工程咨询有限公司

摘　要：人工智能技术的快速发展为工程监理行业数字化转型提供了机遇。本文探讨了 AI 在监理行业的应用现状、作用、机遇与挑战，并提出未来展望。研究表明，AI 通过深度学习、自然语言处理和计算机视觉等技术，显著提升了监理效率、工程质量和决策科学性，但也面临技术依赖、数据安全及系统误报等挑战。未来需通过优化算法、加强数据保护、培养复合型人才和完善智能化体系，来推动行业可持续发展。

关键词：AI 人工智能；工程监理；数字化转型；数据安全；智能化监理

一、研究背景与意义

随着科技的飞速发展，人工智能在各个领域的应用日益广泛。工程监理行业作为保障工程质量的重要环节，也面临着数字化转型的机遇与挑战。传统监理方式在面对日益复杂的工程项目时，逐渐显露出效率低下、主观判断影响大等问题。而人工智能技术的不断进步，为工程监理行业带来了全新的解决方案。

人工智能在工程监理行业的应用具有重要的现实意义。首先，能够提高监理效率。通过深度学习、自然语言处理、计算机视觉识别等技术，可以快速处理大量数据，如图纸、文件、工作记录、图像和视频等，实现对工程质量、安全、进度的实时监控和评价，减少人工巡查的时间和成本。其次，提升工程质量。AI 算法可以通过物联网设备实时监测施工过程，自动识别潜在的质量问题，如分析混凝土浇筑过程中的温度、湿度等数据预测混凝土强度，及时发现质量问题并进行处理。再者，增强决策的科学性。利用知识计算技术构建监理知识库，为监理人员提供问题解答、决策支持和知识检索，帮助他们作出准确的判断和决策。

总之，探讨 AI 在工程监理行业的应用，对于提高监理效率、提升工程质量具有重要的现实意义。

二、AI 在工程监理行业的发展现状

（一）AI 技术在监理领域的应用案例

基于近千万条真实监理工作数据和行业知识数据，训练的监理工作评价模型"小愚 AI"由中数智算（成都）信息科技有限公司开发，是基于机器学习、知识计算等人工智能技术，经过 600 多个监理项目实践，近三年不断迭代，评价结果比人工评价更加公平公正，准确率更高，并且在使用过程中不断升级。"小愚 AI"监理工作助手是基于建设工程大语言模型的"智算 ICA"工程管理智能体系的应用之一，可以协助完成监理工作，评价完成情况；辅助审核各类资料、拟写各类文件，帮助公司对技术方案进行计算和分析；智能化查找所需规范标准；并通过 AI 专家与人类专家的协作进行答疑解惑。

（二）工程监理行业对 AI 的需求分析

传统监理方式主要依赖人工进行数据处理和现场监管，然而，随着工程项目的日益复杂和规模的不断扩大，这种方式

逐渐显露出其局限性。首先，监理数据处理效率低是传统监理方式的一个突出问题。工程监理涉及大量的图纸、文件、工作记录等数据，传统的人工处理方式不仅耗时费力，而且容易出现错误和遗漏。其次，现场监管难度大也是传统监理方式的一大难题。传统监理人员通常需要实地巡视工程现场，对施工质量、安全、进度等进行监督和评价。但这种方式存在很多弊端，如监管范围有限、无法实时监控、容易受到人为因素影响等。特别是对于一些大型工程项目，施工现场面积大、作业点分散，监理人员难以全面覆盖，容易出现监管漏洞。

随着社会的发展和进步，建设工程对质量、安全、进度的要求越来越高。在质量方面，工程建设需要确保每一个环节都符合规范和标准，杜绝质量隐患。在安全方面，施工现场存在各种危险因素，如人的不安全行为、物的不安全状态等，需要及时发现并加以处理，以保障施工人员的生命安全。在进度方面，工程建设需要按照预定的时间节点完成各项任务，避免延误工期。为了满足这些要求，工程监理行业需要更高效、更精准的监理手段。人工智能技术的出现为解决这些问题提供了可能。

三、AI 在工程监理行业的具体作用

（一）提高监理数据处理效率

深度学习技术作为一种机器学习方法，通过多层神经网络模拟人脑神经元之间的连接，能够从大量工程监理领域数据中学习和提取特征。深度学习技术可以理解和识别这些数据中的复杂模式和规律，为监理工作提供有力支持。例

如，在对施工方案、报告和资料等文本信息进行分析时，深度学习技术可以自动提取关键信息，识别重要事实，帮助监理人员高效处理和分析大量文本数据。同时，对于工程现场的图像和视频数据，深度学习技术也可以提取其中的关键特征，实现对施工质量、安全、进度的远程监控和评价。

自然语言处理技术可以实现对这些文本数据的语义理解和信息提取，从而辅助监理工作的评价和监管。自动化的文本分析和语义理解可以帮助监理人员对合同文件、施工方案、报告和资料等进行评价，并提供建议和决策支持。这些技术可以自动提取关键信息、识别重要事实，帮助监理人员高效处理和分析大量文本数据、准确决策以及提高评估质量。

（二）实现工程现场远程监控和评价

计算机视觉识别技术在工程监理中发挥着重要作用。监理人员可以使用监控摄像头、无人机等设备获取工程现场的图像和视频资料。通过图像识别和分析技术，可以从这些图像和视频中提取关键信息，实现对工程现场的远程监控和评价。例如，利用图像识别技术可以自动识别建筑工地上的安全隐患，如未佩戴安全帽、进入危险区域或使用不当的工具等。同时，还可以对施工质量进行监控，如识别混凝土表面的裂缝、平整度等问题。

知识计算技术在工程监理中具有重要意义。通过收集和整理监理的规范、标准和经验知识，可以构建监理知识库。监理人员可以利用该知识库进行问题解答、决策支持和知识检索。当面临复杂的工程问题时，监理人员可以通过知识库快速获取相关的专业知识和指导，帮

助他们作出准确的判断和决策。

（三）辅助监理工作评价和监管

采用时间戳技术记录工作时间，同时在办公室和施工现场预置定位卡，并结合移动设备的 GPS 定位技术，能够实现对监理人员工作位置的准确采集。监理人员通过移动设备填报各项监理工作内容，并填报工作完成情况、发现的问题以及处理措施等数据。此外，通过电脑端采集监理文件和相关资料等数据，对采集到的数据进行清洗、去噪和格式转换等预处理，以确保数据的准确性和一致性。然后，利用深度学习技术如前馈神经网络（FNN）和循环神经网络（RNN），对监理数据进行分析和学习，提取特征，识别工作模式和规律，并挖掘出监理工作评价的关键要素，建立监理工作评价模型。

传统的监理工作评价主要基于经验和主观判断，难以实现客观、精准和全面的评价。而 AI 监理工作评价模型能够应用人工智能的手段，科学、公正地对监理工作进行评价和监管。对建设单位来说，通过人工智能评价模型客观评价监理人员、监理机构以及监理公司的工作质量，评价结果可作为对监理人员或监理公司优胜劣汰、量化考核的依据；对监理人员和监理单位来说，评价模型可以通过短板识别，促使监理人员个人能力的提升和工作质量的提高；同时也可提升监理企业对监理人员和监理项目的智能化管理水平，提质增效。

四、AI 为工程监理行业带来的机遇与挑战

（一）机遇

AI 技术展现出了巨大的潜力。通过

物联网设备实时监测施工过程，AI算法能够自动识别潜在的质量问题。例如，对混凝土浇筑过程中的温度、湿度等数据进行分析，AI系统可以预测混凝土强度，及时发现质量隐患，确保工程质量。同时，大数据分析可以帮助监理人员更准确地预测工期。通过分析历史项目数据，AI系统能够识别影响进度的关键因素，为监理决策提供依据。

AI的应用为工程监理行业带来了颠覆性的变革，重构了行业生态。传统监理方式在数据处理效率和现场监管方面存在诸多问题，而AI技术通过深度学习、自然语言处理、计算机视觉识别和知识计算等技术，可以快速处理大量工程数据，实现对工程质量、安全、进度的实时监控和评价，提高监理工作的效率和质量。

（二）挑战

在工程监理行业中，随着人工智能技术的广泛应用，监理人员对AI系统的依赖程度逐渐增加。然而，过度依赖AI系统可能带来一系列问题。例如，当监理人员过度依赖AI算法对混凝土强度的预测，而忽视了实际施工过程中的其他因素，如混凝土的搅拌方式、浇筑工艺等，可能会导致对工程质量的误判。此外，在施工现场的安全管理方面，如果监理人员仅依靠AI图像识别技术来判断工人是否佩戴安全帽，而不进行实地巡查，可能会遗漏一些特殊情况，如安全帽佩戴不规范或在某些特定区域未正确使用安全防护设备等。

智能建筑工程监理涉及大量敏感数据，包括工程设计图纸、施工方案、质量检测报告等。这些数据一旦泄露，可能会给工程带来严重后果。例如，如果竞争对手获取了工程设计图纸和施工方案，可能会模仿或提前采取应对措施，影响工程的竞争力和创新性。此外，质量检测报告等数据的泄露可能会引发公众对工程质量的质疑，影响工程的声誉和市场价值。

一方面，AI系统在工程监理中可能会出现误报或漏报的情况，从而带来安全隐患。例如，在使用AI图像识别技术进行安全监控时，可能会出现误将正常行为识别为不安全行为的情况，导致频繁的错误报警，使监理人员对报警系统产生疲劳和不信任，从而降低安全监管的效果。另一方面，AI系统也可能出现漏报的情况，如未能及时识别出施工现场的安全隐患、未佩戴安全帽的工人或存在故障的设备等，增加了事故发生的风险。

五、AI在工程监理行业的应用展望

（一）推动工程监理行业数字化转型

建立智能化监理标准体系是工程监理行业利用AI打赢数字化战役的重要基础。数字化监理标准体系应涵盖监理全生命周期各个方面，包括前期策划、实施过程、验收结算等。其核心作用是促进监理数字化转型，提高监理工作效率和质量。具体构建内容包括总体要求、技术规范、管理流程、数据标准、安全保障和评价体系等方面。通过制定明确的规范和要求，对数字化监理的实施过程进行约束和指导，避免随意和盲目，确保数字化监理的质量和水平。

工程监理行业需要大量具备数字技术和工程专业知识的复合型人才。一方面，可以通过与高校合作，开设相关专业课程，培养既懂工程又懂人工智能的专业人才。另一方面，企业内部也应加强对现有员工的培训，提高他们对人工智能技术的应用能力和数字化素养。例如，组织定期的培训课程、研讨会和实践活动，让员工了解最新的人工智能技术在工程监理中的应用案例，掌握相关工具和方法。

建立完善的数据管理机制，确保数据的准确性、完整性和安全性。通过大数据技术对工程监理过程中的各种数据进行采集、存储、分析，为公路工程监理提供数据支持。同时，采用云计算技术，通过云平台提供计算、存储、网络等资源，实现工程监理数据的集中管理和共享。此外，还应加强数据安全保障，采用加密技术、访问控制等措施，防止数据泄露和滥用。

工程监理企业、高校和科研机构应加强合作，共同开展人工智能在工程监理中的应用研究。企业可以提供实际工程案例和需求，高校和科研机构则提供技术和人才支持。通过建立监理领域的AI模型，提供智能化的监理工作支持；构建监理领域"类ChatGPT"智慧专家系统，为监理人员提供专业指导；建立多模态监理模型，实现数据交互融合和智慧监理。通过产学研合作，加速人工智能技术在工程监理行业的应用和推广。

（二）促进工程监理行业可持续发展

AI技术帮助监理人员优化项目进度管理，减少资源浪费，降低项目环境影响。AI技术在监理进度控制中的应用价值巨大，能够帮助监理人员优化项目进度管理，从而减少资源浪费，降低项目环境影响。人工智能技术可以通过实时监控项目进度数据，及时发现项目进度异常情况，并采取措施防止安全事故的发生。同时，通过构建项目进度安全风险评估模型，帮助监理人员提前识别项目进度安全风险，并制定相应的防范措施。此外，人工智能技术还可以通过提供项目进度安全决策支持，帮助监理人员优化项目进度管理策略，提高项目进度安全的保障水平。

在具体应用中，智能巡检技术可以提高巡检效率和准确性，减少人工巡检的劳动强度，并降低安全风险。信息集成和共享平台可以实现监理工作中信息的高效流通，提高协同工作效率，并为决策提供支持。质量控制与评估以及风险识别与评估等方面，人工智能技术也能发挥重要作用，帮助监理人员识别和解决项目进度问题，缩短项目建设周期，降低项目建设成本。

结语

AI 在工程监理行业的应用为行业带来了诸多变革，具有广阔的发展前景。AI 技术在工程监理行业中的发展现状表明，其应用案例不断增多。

AI 在工程监理行业的具体作用主要体现在提高监理数据处理效率和实现工程现场远程监控和评价。深度学习技术和自然语言处理技术能够实现对文本数据的语义理解和信息提取；计算机视觉识别技术和知识计算技术则可以利用监控摄像头、无人机等设备获取工程现场图像和视频，提取关键信息，构建监理知识库，为监理人员提供问题解答、决策支持和知识检索。

AI 为工程监理行业带来的机遇可以提升监理工作效率和质量，重构工程监理行业生态，带来颠覆性的全新体验。挑战主要包括技术依赖风险、数据安全风险以及 AI 系统的误报或漏报可能带来的安全隐患。

AI 在工程监理行业的应用展望包括推动工程监理行业数字化转型和促进工程监理行业可持续发展。在推动数字化转型方面，可通过建立智能化监理标准体系、加强人才培养、完善数据管理机制、推动产学研合作等方式，实现工程监理的智能化、高效化、少人化。在促进可持续发展方面，AI 技术可以帮助监理人员优化项目进度管理，减少资源浪费，降低项目环境影响；识别和利用可再生能源，提高能源效率，制定绿色施工方案，减少对环境的破坏。

特定行业的工程质量监督实践

罗玉杰

北京五环国际工程管理有限公司

摘　要：特定行业的工程建设专业性强，投资比重与房屋建筑工程有很大区别，其工程质量监督的模式和要求与房屋建筑工程质量监督有所不同。行业质量监督机构经国家建设行政主管部门授权，通过系统和专业的监督过程，为行业主管部门在项目实施过程中的决策提供依据，为行业工程建设的质量保驾护航。

关键词：特定行业；质量监督机构；质量行为；停检点；中间交接

引言

部分由原先国家部委改制形成的特定行业，如核工业、航空航天、铁路、交通、化工、石油、兵器、矿业等，都是国家支柱产业，也是具有特殊专业特点的行业，其建设过程根据国家的法律法规，需要有质量监督部门的监督。与房屋建筑工程项目的特点不同，对这些行业建设工程的质量监督要求，也与地方政府部门的质量监督活动有很大的不同。鉴于一些特定的限制，本文不对项目本身作详细描述，企业所属行业也简称特定行业。本文仅就行业建设特点、质量监督的地位、质量监督实践以及质量监督的难点等方面作简要的介绍和分享。

一、特定行业工程建设的特点

（一）涉及地域广

因历史原因和国家需要，形成了特定行业下辖企业分布于全国各地的现实状况，建设项目大多位于比较偏远的位置，如海滩、深山、高原等，地质和气候条件差异很大，施工技术水平参差不齐。

（二）专业性强

特定行业的工程建设，关系到国家经济命脉和国家安全，质量要求高，其规划、设计、咨询、施工和监理往往需要行业内有实力的企业来完成。从工程技术要求方面，项目可能涉及多种特殊的行业和专业，如某重大石油化工项目，涉及能源、化工、房建、铁路、道路、港口等专业，每个专业还带有石油化工的特点，工程建设的参建单位，需要有足够的行业内工程建设的经验和技术管理能力才能完成其建设任务。

（三）有行业特点的投资构成

与普通房屋建筑工程不同，特定行业的工程建设中，生产线和装置是工程建设的主要投资对象，投资占比大，而房屋建筑属其附属配套，根据相关行业标准，有的单位工程中甚至不需要房屋建筑物。生产线和装置的施工安装质量是工程项目质量控制的关键，也是将来项目投入使用后安全生产的前提。

（四）工程建设的多部门管理

大型项目一般涉及部委、行业主管部门及地方的多部门管理，如国资委、发改委、集团公司相关部门、地方规划、自然资源、住建、应急、生态环境等多个部门，都在各自权力和职责范围内对项目有管辖权。

（五）地方监督力量介入有障碍

当项目主要是房建项目，如办公或普通厂房时，因为需要办理后期的不动产手续，一般需要当地质量监督部门介入。当涉及不能公开的项目或以装置和生产线为主的项目时，地方质量监督部门介入就存在障碍，一是地方的监督力量一般仅承担房屋、市政部分的质量和安全监督，二是这些行业建设工程单位工程划分与普通房屋建筑不同，三是项目涉及的行业标准技术性较强，地方质量监督人员不够熟悉，这也就是行业质量监督存在的必要性。

二、行业质量监督的法律地位

（一）行业质量监督的历史

早在 20 世纪 90 年代初，国家根据部分行业建设工程质量管控的需要，建设部授权一部分行业（部委转制的央企）建立行业质量监督机构，并颁发了资质证书。部分行业质量监督机构在其行业内部的工程建设质量方面，起到了保驾护航的作用。《建设工程质量管理条例》第四十六条 "建设工程质量监督管理，可以由建设行政主管部门或者其他有关部门委托的建设工程质量监督机构具体实施"，从法律层面确认了行业监督机构的法律地位。行业项目的质量监督机构，隶属行业工程建设主管部门，具体质量监督工作依托我单位实施。

（二）行业质量监督的模式

与地方质量监督部门不同，由于央企的企业属性，其下属的行业质量监督机构也是企业性质，不是权力机构。其承担项目质量监督的渠道一般由集团公司指定，当类似相关的质量监督机构存在竞争时，还可以通过招标投标或议标形式确定，与建设单位签订质量监督合同，计取质量监督费用。项目质量监督机构根据项目规模及合同要求，确定驻场监督组或根据工程进展的阶段性巡查监督方式。

（三）行业质量监督的职责

行业质量监督机构受所属的行业工程建设主管部门管理，在行业内的专业工程建设中承担质量监督任务，通过各阶段的质量监督活动，形成质量监督报告，对行业工程建设主管部门负责。因安全生产由专门部门管理，一般不涉及施工安全方面的监督职责。质量监督机构的职责概括起来，就是根据授权和相关法律法规规定，对工程建设的参建单位，包括建设单位、设计单位、勘察单位、监理单位、施工单位等责任主体的质量行为及工程实体的形成过程进行监督，发现违法违规问题要求责任单位整改，按相关规定需要进行处罚的，向行业主管部门提出处罚建议，甚至协调建设行政主管部门落实。

三、行业质量监督的实践

在项目的监督工作实践中，以我单位在某石油仓储项目的监督工作为例。

（一）项目监督机构

我单位是行业建设主管部门指定的质量监督的依托单位，依据委托授权及相关法律法规，成立质量监督中心。根据项目要求及监督合同约定，组建各项目质量监督组，确定各岗位监督人员职责，对项目实施质量监督。监督组成员均为技术和管理经验丰富的工程技术人员，并按规定经过了培训和考核。

（二）项目监督工作流程

项目监督合同签订后，由项目建设单位申请工程质量监督，按质量监督机构的管理制度，从监督申请注册直到工程竣工备案，基本流程如图 1 所示，监督过程中形成相应的表单。

（三）监督交底

质量监督手续完成，参建单位管理人员到位，工程开工前，项目监督组对参建单位进行交底，这是监督组介入项目的首要工作程序，主要交底内容是监督组编制的项目监督计划书，向参建单位介绍项目监督组人员职责，明确监督范围、监督依据、监督方式、监督内容等，并明确对各方质量行为的要求、各阶段停检点和巡检点设置、各阶段验收要求、廉政和其他要求等。

（四）静态质量行为检查、动态质量行为检查和实体质量形成过程检查

借鉴其他行业质量监督的经验和工作标准，工程开工前，对各参建单位质量管理体系、人员资格、技术文件编制审批、法律法规要求、开工条件等进行检查，作为静态质量行为检查。施工过程中对质量体系的运行、上岗人员资格和到位情况、技术文件的落实情况，是否符合相关法律法规、标准规范等行为的检查，作为动态质量行为检查。对质量行为监督的目的，不能只是形式上的检查，关键要重视其有效性和真实性，考察参建单位的质量保证能力和纠错能力。对实体质量行程过程的检查主要为材料和构配件进场验收和使用、分包管理、工序施工检查验收制度落实、见证取样送检和检验、实体工程质量、工程

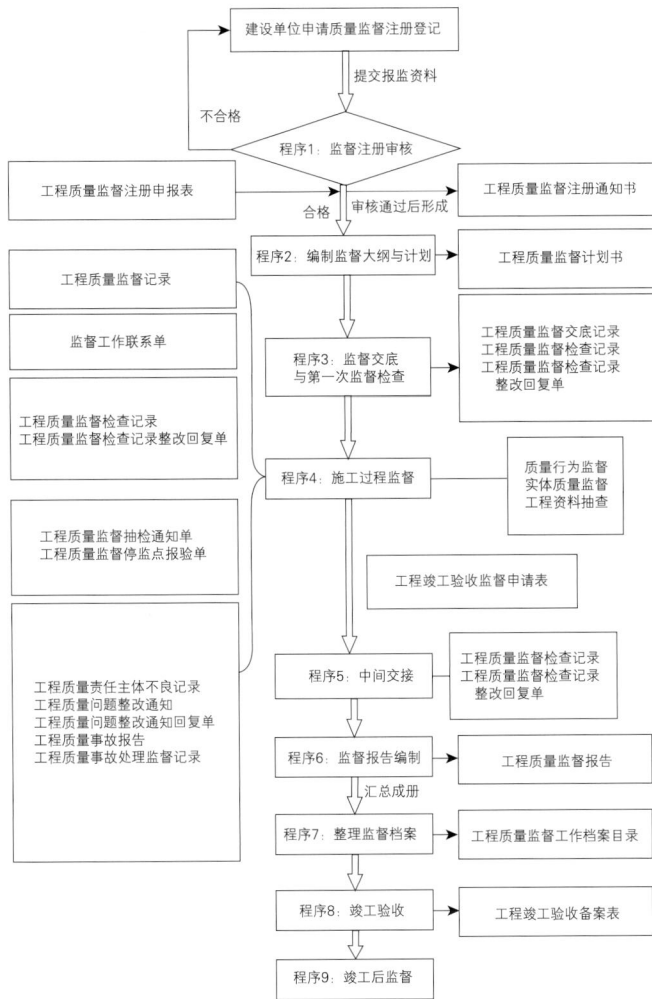

图1 质量监督总流程图

资料形成与整理、质量问题发现与处理等，对实体质量的监督应重点突出，检查时，应配备必要仪器或装备。

（五）停检点、巡检点设置

根据项目特点，针对对结构安全和使用功能有重大影响，或可能对后续施工质量造成重大影响的工序交接点和重要部位设置停检点，需要作业方停止作业，由监督人员检查认可后方可继续作业。如地基验槽、基础验收、设备基础交接、储罐充水试验、管道系统试压等。在监督组认为比较重要的工序和部位设置巡检点，作业方根据计划安排正常作业，监督人员现场巡查施工情况，如地基处理、钢筋安装、焊缝质量检查、罐体组对、无损检测、管道安装等。

（六）质量问题的判定和处理

在质量行为和实体质量行程过程检查中，监督组人员根据法律法规、标准规范发现问题后，发出"质量问题整改通知单"，要求限期整改和书面回复。整改通知中对每个需要整改的事项注明依据，明确整改要求。当出现实体质量问题整改不到位或不整改时，可认定为质量行为不符合要求；质量行为不及时整改或没有改善时，作为其企业不良记录，通报建设单位，提出书面处理建议，向质量监督机构及行业工程建设主管部门

逐级上报处理。

（七）工程中间交接

工程中间交接也是与普通房屋、市政项目不同的一个关键环节，工程施工安装结束，由单机试车转入联动试车和投料试车阶段，联动和投料试车由建设（生产）单位完成，施工单位按单项或系统向建设（生产）单位办理交接，监督组在交接证书上签署意见。中间交接是施工单位向建设（生产）单位办理工程交接的必要程序，是实物保管、使用责任的移交，不解除施工单位对工程质量应负的责任。中间交接不是竣工验收，一定意义上，中间交接属于交付使用，这与《建筑法》和《建设工程质量管理条例》竣工验收合格方可交付的规定略有出入，需要在施工合同内特别约定。

（八）监督工作的信息化建设

项目分布范围较广，为提高监督工作效率，使质量监督中心及主管部门及时了解项目质量情况和监督工作情况，单位建立了质量监督业务管理平台，初步设置了工作协同、合同管理、人力资源、业务管理、文档中心、数字质监等模块，目前已上线。平台可给参建单位开通账户，从项目监督申报到竣工验收的各阶段监督工作，均可在线上进行。

四、行业质量监督的难点

（一）与参建单位质量管理工作的区别

质量监督的性质决定了其在工程建设项目中的角色定位，主要是监督参建各方的质量行为，不能替代质量责任主体对项目的实施进行直接管控。随着行业主管部门对行业质量监督重视程度的提高，质量监督业务量有较大增加，部

分专业监督工程师从设计人员和监理人员增选，部分新入职监督人员很容易将之前的工作思维带入质量监督工作中，如代替施工单位提出一些质量问题的解决方案，或者过于关注实体工程质量，而忽略造成质量问题背后的质量行为问题，这需要项目监督组负责人及时纠正。

（二）专家及专家库

因为特定行业所涉及的专业技术种类繁多，如有的项目主要是石油化工，有的项目主要产品是装备，有的项目是特殊产品的存储，有的项目是机械加工和组装，其关键技术和要求监督人员不可能全部全面和深入掌握，这就需要建立专家库，在对项目的质量监督工作中接受行业内专家的指导或培训。该项目的 10 万 m^3 的大型储罐的加工制作，邀请了业内专家对加工制作条件、加工工艺、过程管理、监督要点等方面进行了检查指导。

（三）试验与抽检工作

监督人员对实体质量的检查，采取的主要手段是使用简易的测量和检查仪器量测，如使用混凝土回弹仪、靠尺、游标卡尺、焊缝检测尺、电阻测试仪等，但发现有实体严重缺陷、怀疑资料不真实不完整等特殊情况时，监督组需要进行抽检和复检。质量监督机构在大型项目上设置试验室，创造条件自行检验，一般项目不具备条件，监督组委托有资质的试验室检验。此类试验结果作为对实体质量怀疑的证据，不作为判定是否合格的依据。

（四）与地方政府监督部门的沟通协作

在项目中因为有部分建筑物，需要地方质量和安全监督部门的介入，实际上，作为行业监督机构，一般在接受委托或指定质量监督机构时，房屋建筑、生产线和装置及附属的构筑物等都列入行业质量监督的范围，所以需要与地方质量监督部门沟通协作。在房屋建筑部分，参加方可能存在接受双方监督的情况，但房屋建筑部分的单位工程竣工验收由地方质量监督机构参与，行业监督机构认可其验收意见。整个项目的最终竣工验收，行业监督机构参与，地方也需认可行业监督机构竣工验收意见。

体会与总结

（一）行业质量监督存在的必要性

通过项目质量监督的实践，深切体会到行业质量监督存在的意义，特定行业质量监督，填补了大比重投资的设备、装置和生产线安装阶段工程质量的监督空白，使行业建设主管部门能够全面掌握工程建设的总体质量情况，对项目实施过程中的决策更有针对性。

（二）人才队伍与制度建设

鉴于特定行业项目的复杂性和专业性，质量监督机构的高精尖专业人才队伍建设、专家库建设和完善的制度建设显得尤为迫切。

（三）与地方政府部门的协调机制

部分项目所在地相关部门不了解有行业质量监督机构的存在，致使仍需要地方监督力量介入，需要在法规层面梳理关系，协调相关机制。

（四）在行业工程建设中发挥更大作用

特定行业质量监督机构，在行业工程建设中发挥了举足轻重的作用，有行业特色的设计和监理单位，作为业务拓展或转型的一个方向，可通过业务能力建设和相关认定，成为行业工程建设质量管控的重要力量，为行业工程建设项目质量保驾护航，在行业发展中作出更大贡献。

参考文献

[1] 中华人民共和国工业和信息化部．石油化工工程质量监督规范：SH/T 3500—2016[S]．北京：中国石化出版社，2016．
[2] 石化工程质量监督检查人员培训教材编委会，石化工程质量监督检查人员培训教材编写组．石油建设工程质量监督检查[M]．北京：中国石油大学出版社，2012．

监理工程师对施工索赔的管理

崔成浩

山西太行监理建设工程有限公司

摘　要：在当前工程建设中，监理工程师经常面对索赔事件，大量的索赔事件应当引起监理工程师们的高度重视，索赔事件不仅对合同有影响，对工程的建筑和实施也具有一定的影响。因此，本文通过对施工索赔的管理以及具体原因的深度分析，对监理工程师的作用进行分析，详细地论述了监理工程师在工程索赔中不可或缺的管理地位。

关键词：监理工程师；施工索赔；索赔管理

引言

索赔作为项目管理中监理工程师的重点工作内容，当前数量巨大的建筑行业索赔问题已经引起了行业内人士的重视。在日常项目管理中，索赔承担着在建筑项目实施过程中的维护、补损以及收益等功能，保障了承包商自身的利益，与工程利益息息相关。因此，索赔是监理工程师在建筑过程中不得不面对的一项重要的管理工作。

索赔问题虽然不可避免，为减少其产生以及事态发展的严重性，监理工程师作为合同的监督者和管理者一方，应做好充分的应对准备，做好防范和应急措施，落实合同中甲乙方所履行的责任，以冷静客观的态度处理建筑实施过程中所产生的索赔问题，依照法律，维护业主的合法权益，具备预防、应对、交涉、反索赔等具体事项的能力，并时刻谨记监理的工作原则，即"公正、独立、科学和守法"。

一、施工索赔的内涵、分类及诱因

（一）施工索赔的内涵

工程索赔是指合同双方根据合同条款的相关规定，对合同价进行适当的公正调整，以弥补承包商不应承担的损失[1]。工程索赔的前提是因为一些不可抗力因素，给发包人或者承包商带来的损失，而这些不可抗力因素在合同中又没有具体体现，可以根据实际造成的损失情况向对方提出工程索赔。工程索赔的对象一般是发包方，即承包商对业主提出的索赔请求[2]。

（二）施工索赔的分类

按索赔的对象分类，索赔分为索赔和反索赔[3]。施工索赔是在施工过程中，承包商根据合同和法律的规定，对并非由于自己的过错所造成的损失或承担了合同规定之外的工作所付的额外支出，承包商向业主提出在经济或时间上要求补偿的权利。从广义上讲，施工索赔还包括业主对承包商的索赔，通常称为反索赔。索赔的主要原因有：承包企业未按合同进行施工，导致工程施工进度延误；施工质量不满足合同中的规定而导致的反索赔；在进行了取证调查研究后，若索赔合理则需进行索赔，否则双方应再次深入探究。

（三）施工索赔诱因分析

施工中产生索赔的原因有多方面，对可能产生的索赔原因进行分析和提出相应的应对措施，可以尽可能地减少索赔[4]。

1.施工前的准备工作是监理工程师必不可少的工作内容，这项工作关系着工程的如期开工，未做好准备工作，很可能引起后期施工过程的索赔问题。

2. 施工过程中，工期延长或停工、设备故障或损失、工程质量的不完善，都是极其重要的索赔诱因。

3. 不可抗力发生的时候，费用一般由双方分别承担。因此不可抗力因素的发生，也会在一定程度上带来工程项目的延误和损害而造成施工索赔。

二、监理工程师在施工索赔中的具体管理内容

（一）索赔程序的控制

施工索赔的程序可大致分为：提出索赔要求、协商解决、提交诉讼三部分。在建筑施工相关法律的明确规定中提出，在施工索赔发生时，索赔通知书应当在四周之内提出并同时通知业主，承包企业方负责收集相关资料，对施工延误导致的损失制定好索赔报告。监理工程师负责与业主共同审定最终的账单和索赔报告，对相应的费用分类整理[5]。

在此之后，监理工程师合理公正地与双方进行协商解决索赔问题，力图达到最有效率的解决目的。若无法协商解决，则通过法律手段并递交仲裁。

（二）索赔报告的编制

首先，监理工程师在题目中说明索赔缘由，包括经济损失、工期延误、合同出现矛盾以及项目管理模式的变化等。

其次，监理工程师在总论中较简洁地概括出索赔的事件[6]。

最后，要以合同条款为依据制定索赔报告的具体内容，并结合相关法律标准说明自己的索赔权利。

索赔报告的内容具体包括索赔事项的发生情况、前期的索赔通知书、处理过程、合同中相应的条款等，以此来确定合理的索赔金额。监理工程师明确索赔权后便要结合实际来确定索赔金额，要使用科学的计价方式严格地进行计算，并准确计算出实际的索赔数值。

另外，任何索赔工作都需要有相关证据，这也是监理工程师编制索赔报告的重点，要保证证据的条理性和可信性并在其下方注有说明。也就是说，监理工程师在编制索赔报告时一定要权责分明、金额准确、有理有据、论述简洁[7]。

（三）处理索赔事项

出现施工索赔，监理工程师一定要在合同规定的期限，对承包商的索赔报告进行深入研究，并制定一些处理索赔的方案，尽早地化解双方的矛盾并确保工程的顺利实施。

首先，监理工程师应当确保索赔合同的科学合理性，即监理工程师对合同条件中涉及的责任条款、补充条款以及各种往来文件、事件现场相关文件等资料进行研究总结。

其次，监理工程师需明确之前的施工进度对顺利施工的影响，也就是应增加的工期。监理工程师需要以之前的施工进度方案为依据设计进度网络图，并且要重视施工进度变化及索赔所带来的影响。要绘制和核实计划进度图和实际施工进度网络图，查明相关的延误工种以及延误因素，并总结这些因素对总工程的影响。

最后，监理工程师要探究工程成本的作用，也就是考虑因索赔而导致的施工成本的提高。开展这一工作时监理工程师要站在业主的角度上考虑问题，要明确哪些成本增加是科学的，并将各种费用增加进行归类，明确哪部分不是承包商的失误而导致的，然后将双方的索赔金额实行对比[8]。

总之，监理工程师应当科学、公正、公平地进行索赔费用的计算工作。在这一工作中要将承包企业的索赔报告、工程师的报告文件、时间的恶劣程度以及合同管理文件中的相关规定作为重要依据，这样才能保证最终计算出来的工期增加时长和索赔金额的科学性。

（四）索赔风险的预防

作为施工项目的监理工程师，要尽量避免索赔。

首先，协助业主控制招标投标风险。众所周知，施工的各种文件、工程量审核、施工图纸的科学性等多项文件资料的质量都是和设计勘察工作的细致程度成正比的，所以监理工程师一定要严格开展勘察设计工作，尽可能避免施工索赔问题的出现。监理工程师在招标工作中的内容包括：组织资格预审，组织招标前的会议，组织开标活动、评标以及出评标报告等，监理工程师协助业主定标、合同内容的商定以及合同协议等的签署。在确定承包企业时，就要尽可能地确定社会声誉高、经营规模大的企业，这有利于降低索赔的出现率[9]。

其次，施工期间预防索赔工作。监理工程师应履行下列义务：一是若业主的行为与合同相关标准不相符则要及时警示；二是若出现了施工索赔则必须将业主及承包商聚集在一起，明确双方责任后再予以解决；若双方有异议则需进一步深入探究，但必须及时制定科学的赶工方案，减少施工的损失[10]。除此之外，对于施工中发生的工程变更则要再次确定单价的合理性，尽量避免索赔。

最后，要避免工程变更的进一步恶化。建筑工程的施工中，实际情况是处于不断变动中的，这便需要监理工程师及时地对合同的条款进行调整或补充。

合同的变更及双方权利与义务发生变动，但双方依然具有原来的索赔权利。相关工作人员必须认识到我国现今的监理工作还不健全、不完善，所以必须高效地开展招标工作，这样才能减少索赔的出现。

三、监理工程师管理施工索赔的能力要求

（一）管理能力

在整个施工过程中，具有良好的管理能力是一个监理工程师应具备的基本素养[11]。积极的管理态度与能力不仅预防了索赔事件的产生，在索赔事件发生的情况下更能有效快速地应对。

在索赔事件产生之前必定会出现细节问题，而处在良好的"管理"模式中的监理工程师能够及时发现问题并纠正问题，从而起到积极的管理作用，避免索赔问题的产生。

（二）处理能力

作为一名合格的监理工程师，应当熟练掌握施工索赔相关的合同法条款以及法律知识，对我国以及国外的工程管理进行充分了解，在索赔产生时能够熟练地应用国内外对施工索赔的相关法律与惯例。在此基础上能够合法地参与管理工作，对合同的内容进行详细全面的了解并对其可能产生的风险进行准确的评估。对其产生的异议进行反复的协调与沟通，以便科学合理地解决承包商与业主之间的意见与纠纷，最大限度地保障工程的效率性，维护业主的基本权益[12]。

监理工程师应当与业主具有共同的目标，采用科学且符合我国建筑行业要求与发展的建筑技术标准，避免在承包合同中采用不规范的"执行国家现行标

准规范"而导致理解上的偏差，进而产生合同纠纷和出现索赔。在制定合同时，监理工程师要与业主共同分析并确立工程细节、施工细节、检测细节等具体施工内容，并与承包商进行反复有效地沟通，将所有的风险可能性降到最低[13]。

索赔事件发生，监理工程师在具有良好的管理能力之外还必须具备优秀的应对能力。优秀的应对能力应当包括：从大局出发并注重整体效益、能够合理冷静地分析问题并公平科学地解决问题。只有以这些要求作为处理事件的准则，才能树立良好的管理形象并保障合同的实施，达到总目标的顺利实现。

（三）协调能力

除了可预见的索赔诱因之外，施工过程的变化性较为复杂，可能会出现各种不可预知的问题，如不可控制的时间延误导致的索赔、造价超出预算等因素，这些因素极大地为承包商的索赔提供了条件。但只要监理工程师能够较为全面地掌握形势并冷静理智地分析问题，便能使得形势朝有利于我方的方向发展。各种意外情况的发生如各项细节内容的变更、工期的延误、政策法律的变更、人为的合同变更和终止等不可抗力因素，都会被承包商看作是索赔的机会[14]。这种情况发生时监理工程师一定要熟练掌握关于索赔的各项法律规定，依靠合同内容客观对待承包商的索赔，若有不合理的索赔则应当及时制止。

当索赔事件发生，监理工程师在处理索赔问题时应该首先与双方进行合理协调，在公平公正的前提下最大化地保证双方效益的合理化。作为监理工程师应具备良好的沟通协调能力，能够对建立施工企业和业主方的相处关系提供一座桥梁，能够更好地促进工程总目标的

实现，保证合同的成功履行，实现双赢，甚至是三赢。

综上所述，监理工程师在项目建设中责任大、任务繁重，作为监理人员的最高领导人必须运筹帷幄。因此良好的协调才能，就成了监理工程师的必备素质。监理工程师要避免组织指挥失误，特别需要统筹全局，防止陷入事务圈子或把精力过多地集中于某一个问题。

四、提升监理工程师管理施工索赔效果的具体措施

（一）对不利外界障碍引起的索赔的防范

监理工程师应当在不良因素产生时及时预防并做到心中有数，将不利障碍或条件及时预知，如资料的妥善传达。

（二）对工程变更引起的索赔的防范

这类索赔大多数是由于承包商与监理工程师之间因工程造价不一致而造成的，其原因可能是承包商压价或监理工程师自身因素。由于监理工程师的权利较为广泛，与承包商之间的矛盾变化比较多，如工作数量、施工时间以及各项施工细节等，这些因素变化导致的费用变化必须按照合同进行合理估价[15]。

（三）对工程延误引起的索赔的防范

工程延误是当今最为频繁和常见的索赔因素，防范工作变得极为重要。

1. 为避免相关文件发生技术性失误，如建筑的设计引起的费用超支所导致的工程延误，监理工程师需要及时地审查并进行调整纠正，向业主产生索赔。

2. 为避免图纸不能如期交出，因此耽误施工进程时所产生的索赔，监理工程师应当合理安排时间进度，留有充分的材料准备时间和图纸设计时间。

3. 为避免定线数据错误、设计错误导致的工程费用增加所产生的工程资金变化，监理工程师应保证工作人员的合格性、设备的准确性、设计人员的专业性、核查工作的反复性。

4. 为避免施工进行时发生意外索赔，如发现罕见的文物或化石地点而导致的工程延误，监理工程师应当做好前期的勘测工作。

5. 因特别荷载而做的加固处理而产生的工程延误，监理工程师无法完全避免，但可将损失降到最低并可以减少加固的数量、选取合适的方案，做好与承包商的责任沟通。

6. 为避免其他承包商介入，导致工程的延误或停工冲突，监理工程师应在事先做好沟通，保障原承包商的合法权益，合理安排施工计划并做好相应的监督工作。

7. 为避免产生合同外的额外工作导致工程延误，监理工程师应当做好工作安排，减少额外工作。

8. 为避免工程的意外停止导致工程延误，监理工程师应当在工程暂停时安排工作人员转移工作目标，减少工程叫停时间并将索赔损失减少到最小。

（四）对提前竣工引起索赔的防范

提前竣工引起的索赔是指施工进度遇到不可预知的拖延，因业主提出加速施工而产生了额外的成本，承包商对此提出的索赔。按照合同规定的日期完成工程是承包商的责任，监理工程师在索赔产生时，需出示业主签发的书面文件指令，若无书面指令而进行的加速施工所产生的增加费用，不予受理。

结语

监理工程师应当以工程的安全、顺利实施为总体目标，以投资的效率与利益为主要内容，充实自身的能力与专业素养，将在建设工程中的监理本职工作落实到实处，以国家政策与法律为依靠，提高建筑行业的责任意识、法治意识、安全意识，规范与影响建筑市场的行业规范。合理有效地保护各方的利益，从而为我国的建筑行业贡献自己的一份力量。

参考文献

[1] 宁兆刚. 论工程索赔与控制 [J]. 建设监理，2010 (9)：47-48，52.

[2] 张红岩，张文杰. 集中招标采购对投标人的机制设计研究 [J]. 中国软科学，2008 (5)：129-135.

[3] 石连娣. 论工程索赔 [J]. 黑龙江交通科技，2011 (1)：124-125.

[4] 凌雪怀. 项目的文档管理与索赔控制 [J]. 建设监理，2010 (2)：41-42.

[5] 淡国棉. 浅议建设工程索赔价款的计价方法 [J]. 经济师，2007 (10)：285-286.

[6] 鄢勇. 工程施工索赔方法探讨 [J]. 技术与市场，2010，17 (8)：79-81.

[7] 刘欣. 工程索赔实践的注意事项 [J]. 工程造价管理，2010 (4)：45-46.

[8] 王树军. 市政工程项目索赔管理探讨 [J]. 中国科技信息，2006 (21)：60-61.

[9] 刘东林. 监理工程师在临时工程施工中的作用和责任 [J]. 水电站设计，2006，22 (1)：88-90，101.

[10] 吴梅芳. 浅谈工程索赔及管理程序 [J]. 科技风，2009 (19)：63，68.

[11] 李家良. 强化建筑工程索赔的对策 [J]. 建筑，2010 (17)：81-83.

[12] 陈斐娉. 如何加强国际承包工程的施工索赔管理 [J]. 建设监理，2010 (3)：41-43，69.

[13] 邵晓双，谭德庆. 招投标理论研究现状 [J]. 中国市场，2008 (26)：101-102.

[14] 李占荣，张滨，冯洋，等. 国外招投标规则浅析 [J]. 测绘与空间地理信息，2008 (2)：34-36.

[15] 罗伟，王孟钧. 机制设计理论与中国建筑市场 [J]. 统计与决策，2008 (7)：78-81.

建筑工程监理项目精细化质量管理探讨

李秀景

山西震益工程建设监理有限公司

摘　要：将精细化管理理念与应用模式引入建筑工程项目质量管理工作中，为监理单位在监理工作方面提供有效优化策略，充分地应用各项管理资源以及信息技术，为建筑工程施工质量提供坚实的基础。本文探讨监理工作精细化管理的基本内容，结合精细化管理体系详细探讨几项有效措施，以适应现代化管理的需求。

关键词：建筑工程；项目质量管理；精细化管理

引言

随着经济发展带动人们生活水平和各方面要求的提升，城市化的进程得到快速发展，在建筑工程建设中，房屋方面的工程项目日益增多，建筑工程施工质量的管控越来越严格，高质量、高效率的工程建设要求对工程质量管理提出了更大的挑战，项目质量管理工作在当前的工程建设中显得尤为重要。这不仅对参与具体工作的建筑企业来说提出了巨大的挑战，也使项目监理单位工作任务和责任明显加重，要对质量和安全问题进行有效预防，需结合信息技术进一步落实精细化管理机制，促进监理工作现代化建设，更好地在实践工作中充分发挥好监理的应有职能。

一、建筑工程项目质量管理工作中监理单位的主要任务

建筑工程项目质量管理中监理工作主要包括两部分，一是在项目准备阶段的监理工作，包括对施工组织设计、施工方案的初步审查建议工作，与参建单位的沟通工作，参与具体设计中的现场勘测调研检查工作等。二是辅助进行施工过程的质量管理工作，主要是依据国家制定的监理工作条例、建筑工程的施工及验收规程、不同房屋类型相应的行业及国家相关质量验收标准开展工程质量的监督控制工作。

监理单位相关人员在具体工作开展中，要以预防性的质量监理为重点，进而实现对施工全过程的管控，避免质量不合格、操作不规范和浪费现象的产生，使整个施工进度能够在预定工期内顺利完成。特别是在材料使用前，要做好预试验检测，测试合格后再进行下一步施工，在具体施工过程中，通常采取巡视检查、检测和旁站以及平行检验等监理方法同时运用的策略，进行具体工作的落实。

二、监理单位在建筑工程项目质量管理实践工作中的主要问题

（一）监理单位所处的市场环境规范性差

我国监理行业的发展经历了几个阶段，当前随着国家相关部门权力和资质的下放，要更偏向于市场化，由于市场的发展通常有一定的适应期，客观上整体法律体系还不够完善，造成了对监理单位的资质审核要求力度不足，对具体的监理人员考核内容与实际工作符合度低；同时，监理市场的不规范也造成监理工作质量降低，监管工作难以有效落实，乱收费、挂靠、随意转让等现象短

期内很难得到有效制止，这些都影响着监理单位和相关人员作用的有效发挥。

（二）监理工作进行中的公正性有待提高

随着监理行业的发展改革变化的影响，监理单位逐渐增多，获得监理工程师证书的人员也逐渐增多，但从总体上来看，人员水平参差不齐的问题很大，导致在实际工作中很难公正负责地完成甲方建设单位委托的具体任务。特别是在公正性方面，很难完全保障并达到实际要求，会出现为了自身利益在一些工作中采取妥协的状态，造成对施工质量把控不严的情况。另外，监理单位人员在向甲方报告具体工作过程中也存在不公正现象，从而为房屋建筑的后续运营埋下质量安全隐患。

三、建筑工程监理工作精细化管理工作的意义和内容

精细化管理模式是现代化管理能力显著提升以及社会工作高效、高质管理需求双重刺激下的产物，涉及方面较广，能够从社会分工细致化角度实现对工作全内容的合理管控和有效调配。在建筑工程监理工作中，由于全过程管理理念的推进，很多施工企业工作内容在不断细化、精化，同时也要求监理工作尽快将精细化管理充分落实在质量管控工作中，再加上监理工作本就是施工管理的重要参与部分，精细化管理应用更具必要性。精细化管理模式对监理工作进行更全面的管理优化调整，不仅在工作内容上对职责与权利进行细致划分，而且在管理制度上也进一步规范，为监理工作提供更多可准确遵循的工作指导，从而保证监理工作标准化建设，使管理资源优化配置，以有效达成监理工作目标。

在对监理工作精细化管理进行分析时，对当下建筑工程发展有一定的了解。新时代背景下的建筑工程施工涉及的项目内容更加多样化，施工质量、施工成本、施工进度等方面的管理工作都更加细化，这也就要求其中监理工作同样需将内容扩展开，从精化与细化两方面加以明确。

（一）监理精细化管理中的细化应用

在施工过程中质量、进度、成本、合同、安全等多项管理内容，尤其要对质量管控和安全管控的监理细化管理进行全面考虑。质量管控需从技术交底、试验检测、材料质量控制等多方面入手，安全管控从安全监理意识落实入手，以工程实际状况为基础，将日常检查、专项检查、定期检查、总体检查等各类监管机制结合起来，对施工操作、施工防护、施工风险管理等内容严加管控，以此提高安全管理质量。

（二）监理精细化管理中的精化应用

精化管理应从监理单位的自我组织建设入手，明确自身在建筑工程施工过程中的实际位置，以此保证监理工作更具针对性的应用价值，例如监理任务和职责的精化，应结合总监理工程师会议安排，对各监理人员工作任务具体落实，岗位责任、目标管理、考核激励等工作内容都需融入具体工作任务中，确保各工作人员各司其职并互相协作，以此保证管理资源的充分利用，提高监理工作效率。

四、以精细化管理应用解决实践工作中的主要问题

（一）优化监理单位自身管理体系

为避免监理单位工作不细致，对施

工参与单位监理不严格现象的发生，应对监理技术进行精细化管理。首先，建筑工程时代的变化对监理工作有了更高要求，务必要保证精细化管理相关技术的与时俱进，能够结合施工质量管控要点明确具体监理工作主要任务并将之有效落实，才能实现精细化管理与建筑施工质量管控之间准确对接。监理单位在精细化管理应用中，一方面，要认真学习优秀单位的监理工作经验，明确精细化管理的基本内涵；另一方面，从本单位实际状况出发，认识到自身在管理能力以及人员结构方面的差异，构建更具本单位特色的应用模式。

其次，应结合国家相关政策法规，制定本单位的管理条例和制度，恪守职业准则和职业道德，提高质量检测验收方面的重视程度和标准要求，特别是要增加一些细节方面的检测要求条例，并做到使责任制度和惩处制度条例得到有效落实，以实现让建筑施工单位和监理单位都能提高对工作的重视程度。

最后，应建立监理单位自身信用管理体系，以实现对相关人员进行有效约束，并通过定期的信用考核，实现让监理人员端正工作态度，认真完成相应的工作任务，并能够不断优化自身水平和素养，避免隐患问题增加。

（二）提升监理人员的综合素质水平

监理单位在人员精细化管理的改进工作中重点是关注监理人员综合能力提升和加强有效沟通方面，在保证监理人员具有足够工作能力的同时，也能相互配合，实现管理资源的合理使用。

在监理人员招聘中，监理单位要建立更加精细规范的考评制度，不仅仅包括专业技能方面，而且要重点加强职业道德及监理意识考察，如质量管控意识、

安全施工意识等，以此确保监理人员具有足够能力面对监理工作精细化调整。在监理人员的招聘考核过程中，除了在专业学历方面进行把关外，还应对其理论知识体系掌握情况、实际工作经验、监理方面的职业素养等进行核实。在理论知识体系考核中，应对其在建筑工程方面的基础理论知识、建筑方面的法律法规、工程管理方面的基本方法等掌握情况进行考核；在职业素养考核中，不仅要求身体素质良好，而且要有良好的思想品质、道德修养和法律意识。基于监理工作的特殊性，还要求监理人员能够兼具组织管理和协调的能力，要有过硬的业务能力，实现与不同人员的有效沟通和监督管理。

在监理人员综合能力提升中，监理单位要将精细化管理理念充分落实在技能培训教育工作中，除多样专业技能的定期培训外，还注重培养监理人员精细化管理理念，增进人员之间、部门之间的沟通交流，使监理人员在工作中既明确各自工作职责，同时又能与相关监理工作合理对接。

（三）强化监理过程中资料的精细化管理

在整个施工过程中，不仅对日常的纸质资料要进行统一管理，而且要对工程资料实施电子化归档和信息化建设。在具体的分类管理中，可精细分成施工前、施工中和竣工验收三大类资料，对各阶段进行工作责任的划分，明确责任人和资料样式，最后由下一阶段的负责人进行核查和管理。为确保资料的安全性，还应设定资料的管理权限，做好资料的备份工作以及系统的优化升级工作，以确保资料完整性。对监理过程的资料要进行日常检查和抽查，建立工程建设的全过程监督管理模式，细化考核奖惩制度，保证工程进度与监理资料同步进行，以监理资料增进各工作间的对接，保证监理工作规范开展。

结语

在建设工程实践工作中，监理单位在项目质量管理工作中发挥着非常重要的作用，而精细化管理在质量管理中的应用已是时代发展之必然，细化方面的监理工作改进以及精化方面的监理能力建设都必须得到重视。对于监理单位来说，精细化管理可以不断提升自身水平，通过加强优秀人员团队建设和增加监理信息化建设的投入，更好地在项目质量管理工作中凸显竞争力，实现在现有建设环境中对建筑工程项目质量管理的有效控制，满足现代化管理的要求。

参考文献

[1] 王辉. 房屋建筑工程监理单位项目质量管理实践 [D]. 上海：上海交通大学，2012.

[2] 余学彦. 建筑施工阶段监理质量的精细化管理 [J]. 中国建材科技，2019，28（1）：131—132.

[3] 付晓艳. 房屋建筑工程监理单位项目质量管理实践分析 [J]. 住宅与房地产，2016（24）：201.

[4] 马良. 试论建筑工程监理工作中精细化管理的应用 [J]. 居舍，2017，37（21）：6.

[5] 甘元玉. 精细化管理理念引领下的建筑工程监理优化研究 [J]. 住宅与房地产，2018，24（22）：111.

中国五矿　MCC 中冶京诚

北京赛瑞斯国际工程咨询有限公司

北京赛瑞斯国际工程咨询有限公司

北京赛瑞斯国际工程咨询有限公司（以下简称"北京赛瑞斯"）是中国五矿集团旗下全资国有综合型工程咨询机构，成立于1993年，前身为北京钢铁设计研究总院监理部。经过三十余年发展，公司已成长为国内工程咨询行业的领军企业，以专业技术实力、人才优势和市场影响力著称。

公司拥有行业顶尖资质，包括工程咨询甲级、工程造价咨询甲级、招标代理甲级、水利工程建设监理及工程监理综合资质，具备提供全过程工程咨询服务的全方位能力。

作为行业标杆企业，北京赛瑞斯业务涵盖工程咨询、造价咨询、工程监理、项目管理、评估咨询等全产业链服务，累计荣获"鲁班奖"22项、"詹天佑奖"9项、"国家优质工程奖"24项，彰显卓越的项目管理水平和技术实力。

在业务布局方面，公司形成了以北京为中心、辐射全国70多个城市、延伸至7个海外国家的服务网络。代表性项目包括：
北京市朝阳区CBD核心区地下基础配套设施工程；
北京南站；
北京华贸中心城市综合体；
全球首创高速普速双层站房北京丰台站；
单体平层建筑腾讯北京总部大楼；
全国首条中低速磁悬浮S1线；
参与全国30余个城市轨道交通建设。

公司现有员工2000余人，其中，中、高级技术职称人员占比超70%，拥有国家注册执业资格人员800余名。通过持续的人才培养和引进机制，打造了一支专业过硬、经验丰富的技术团队。

秉承"锲而不舍、拼搏向上、团结务实、责任担当、快乐和谐、追求梦想"的核心价值观，北京赛瑞斯致力于为客户创造价值，矢志成为社会认可、行业领先、客户信赖的综合型工程咨询企业。

北京商务中心区 CBD 核心区 Z6 地块项目

文昌国际航天城卫星载荷系统制造中心项目

北京城市副中心公交枢纽项目

保利发展集团－佛山阅江台项目

北京朝阳站项目

阿里巴巴北京总部项目

武汉泰康总部大厦项目

北京丰台区丽泽金融商务区项目

西安地铁 10 号线项目

北京中低速磁悬浮 S1 线项目

长沙机场改扩建工程项目

河北雄安宣武医院项目

（本页信息由北京赛瑞斯国际工程咨询有限公司提供）

北京市大兴区三合庄改造区土地一级开发项目

地铁 19 号线机电安装工程项目

华锦精细化工及原料工程项目

大兴生物医药基地联馨药业工程项目

白菊保障房项目

北京大兴龙湖时代天街项目

宿迁光伏发电项目

密云区"国祥源境"风险管理服务项目

封丘垃圾焚烧发电项目

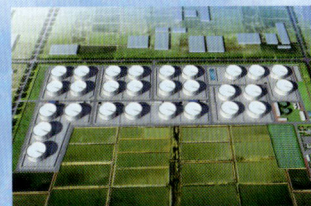

潍坊原油储备库工程质量监督

北京五环国际工程管理有限公司

　　北京五环国际工程管理有限公司成立于 1989 年，隶属于中国兵器工业中国五洲工程设计集团，具有工程监理综合资质，是全国首批、北京市五家试点监理单位之一，为我国建设监理事业的开创和发展作出了有益探索和较大贡献，是中国建设监理协会常务理事单位、北京市建设监理协会常务理事单位、中国兵器工业建设协会副会长兼秘书长单位、中国勘察设计协会人民防空与地下空间分会会员单位、北京市工程建设质量管理协会会员单位、北京民防协会监事单位。

　　经过三十多年的发展，公司形成了"一轴四驱"的工程咨询能力板块，"一轴"就是以工程监理为基本服务，"四驱"指招标代理、造价咨询、第三方技术咨询（含质量监督、质量安全辅助监督、TIS 服务等）以及全过程工程咨询服务；专业类别涉及房屋建筑、机电安装、市政公用、电力、化工石油、航天航空等；主要客户包括国防军队、政府机构、社会团体、大型企事业单位等；服务的区域涉及国内 31 个省市和境外多个国家和地区。承揽项目荣获国家级奖项、省部级奖项近 200 项，同时多次被评为全国、北京市和兵器行业先进建设监理单位和行业贡献先进单位，被中国建设监理协会评为 AAA 级"中国工程监理信用企业"，以及"北京建设行业诚信监理企业"。公司参与了国标《建设工程监理规范》的编审，参编了《建筑工程施工组织设计管理规程》《建设工程监理规程》《建筑工程资料管理规程》《房屋建筑和市政基础设施电气工程质量验收规范》等多部北京市地方标准。

　　公司在发展过程中，较早引入科学的管理理念，成为监理企业中较早开展质量、职业健康安全和环境管理体系认证的单位之一。三十多年来，始终遵守"公平、独立、诚信、科学"的基本执业准则，建立了"管理科学，技术引领，服务优良，持续改进"的质量方针。公司不断强化责任担当、提高服务意识、提升管理水平、加强技术创新发展，在实现企业自身高质量发展的同时，还为客户提供优质、精准、高效的工程咨询服务，力争在工程建设咨询领域取得更卓著的成绩，为工程建设咨询事业作出更大的贡献。

公司总经理：汪　成
地　　址：北京市西城区西便门内大街 79 号院 4 号楼
电　　话：010—83196583
传　　真：010—83196075

（本页信息由北京五环国际工程管理有限公司提供）

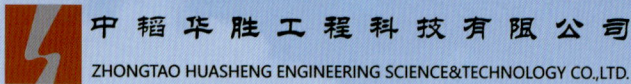

高新技术企业证书

合肥香格里拉大酒店（鲁班奖、中国安装工程优质奖）

马鞍山长江公路大桥（乔治·理查德森奖、鲁班奖、詹天佑奖、李春奖）

武汉高世代薄膜晶体管液晶显示器件（TFT-LCD）生产线项目（詹天佑奖、国家优质工程奖、中国钢结构金奖）

合肥市畅通一环四里河立交桥（鲁班奖、中国市政工程金杯奖）

合肥市郎溪路工程（国家优质工程奖、中国钢结构金奖）

六潜高速公路（鲁班奖）

重庆大学虎溪校区体育中心（中国钢结构金奖）

灵璧凤凰山隧道（黄山杯）

合肥园博园（庐州杯）

中国银行客服中心合肥项目一期工程（国家优质工程奖）

安徽医科大学附属阜阳医院（国家优质工程奖）

合肥市第一中学淝河校区项目管理与监理一体化

（本页信息由合肥工大建设监理有限责任公司提供）

合肥工大建设监理有限责任公司

合肥工大建设监理有限责任公司隶属于合肥工业大学，成立于1995年5月，国有全资企业。连续多年位居安徽省监理行业龙头企业，全国百强监理企业（2023年排名第61位）。累计获得国家级奖项60余项，省部级奖项400余项，市级奖项700余项。荣获"国家高新技术企业""全国先进监理企业""全国守合同重信用企业""安徽省优秀监理企业""合肥市优秀监理企业"等称号。

公司拥有住房城乡建设部工程监理综合资质，交通部、水利部等多项跨行业甲级监理资质。公司主营建设工程类咨询服务业务，包括工程监理、全过程工程咨询、招标代理、造价咨询、设计咨询、项目管理、BIM技术等专业咨询服务。

公司主编、参编多项国家及地方标准规范，获得多项发明专利、实用新型专利。公司2015年起建立并实施了监理企业技术标准体系，为持续提升监理服务与管理水平提供了有力的支撑。

公司承揽工程项目遍及皖、浙、苏、闽、粤、渝、新、川等14个省市，涉及各类房屋建筑工程、市政公用工程、公路工程、桥梁工程、隧道工程、水利水电工程、机电工程、电力工程等行业，高质量地完成一大批品牌工程、示范工程。

公司依托合肥工业大学的建筑、土木、交通、岩土、环境、机械、电气、工程管理等学科专业优势，形成了一支高端专家技术团队，持国家级注册证人员700余人。其中国家注册监理工程师387人，其他各类国家级注册证人员313人。正高级职称25人，副高级职称169人。

未来，公司紧扣高质量发展之路，坚持诚信经营、科学管理；充分发挥高校的人才与科研优势，加强科技创新，实施数智监理，为社会提供一流的监理与咨询服务。

背景图：肥西县潭冲河以南区域投资建设运营一体化项目全过程工程咨询

河北中原工程项目管理有限公司

河北中原工程项目管理有限公司创建于1992年，是一家全过程工程咨询企业。具有工程监理综合资质、文物保护工程监理甲级资质、工程咨询甲级资信等多项资质（信）。拥有外交部驻外使领馆监理企业资格、商务部对外援助项目实施企业资格，是河北省高级人民法院审定的工程造价类委托鉴定、评估备案机构。公司坚持创新发展，在产业经济研究、工程建设项目评审评估、安责险等领域不断突破，坚持"走出去"战略，不断向海外市场发力。

公司注重以高质量党建引领高质量发展，在党支部的带领下，全体员工政治立场坚定、政治素养过硬、政治纪律严明。同时，积极参与公益慈善和扶贫救助活动，致力奉献社会，践行社会责任。

公司坚持以人为本，关注员工成长。目前，中高级职称人员占员工总数70%以上，并拥有中国工程监理大师、国际项目管理师、BIM咨询讲师及各类国家级注册人员数百人。公司技术专家承担并完成了《河北省建设工程项目管理规程》《住宅工程质量潜在缺陷风险管理标准》《历史建筑修缮与利用技术标准》《河北省建设项目环境监理技术规范》《工程管理实训教程》《监理专业技术知识与实务》《建设监理与咨询典型案例》等地方标准和专业书籍数十项，参与了多个大型复杂项目的技术方案论证，并在多个项目中积极推动BIM技术应用。

成立以来，公司累计完成数千项工程，参与数十个我国驻外使领馆建设项目。其中，秦皇岛奥体中心体育场等获"中国建筑工程鲁班奖"，河北省西山迎宾馆健身中心等获"中国建筑工程装饰奖"，阳煤集团深州化工22万t/年乙二醇项目煤气化工程获"全国化学工业优质工程奖"，"小布达拉宫"承德普陀宗乘之庙古建筑保护修缮工程获"全国优秀古迹遗址保护项目"，多个项目获"安济杯""兴石杯"等荣誉。

公司连续多年被国家、省、市建设行政主管部门和行业协会评为先进企业，是河北省"九五"重点建设突出贡献先进单位、中国建设监理创新发展20年工程监理先进企业、AAA级中国工程监理信用企业、国家招标代理机构诚信创优AAAA级企业、全国造价诚信AAA级企业、河北省工程监理行业/工程造价咨询行业品牌企业、河北省建设工程招标投标诚实守信AAAAA级招标代理机构、石家庄市工程监理十大品牌企业。是中国建设监理协会理事单位、中国招标投标协会会员单位、中国建设工程造价管理协会会员单位、河北省建筑市场发展研究会副会长单位、石家庄市建筑协会副会长单位、《建设监理》副理事长单位。

受君之托，忠君之事。未来，河北中原将继续践行"品质决定一切、服务永无止境"的核心理念，与各界同仁精诚合作，共赢未来。

秦皇岛奥体中心体育场（鲁班奖）

2022年北京冬奥会张家口赛区山地技术官员酒店

中国驻土耳其使馆馆舍新建工程

中国援非盟非洲疾控中心总部（一期）项目（BIM咨询）

石家庄国际机场改扩建项目

石家庄市人民会堂

雄安新区中国电信智慧城市产业园

河北正定未来电子信息与装备制造产业基地项目

石家庄中银广场A座（鲁班奖）

河北医科大学第四医院医疗综合楼

河北中烟工业四中心

阜平阜盛大桥

阳煤集团深州化工乙二醇项目

（本页信息由河北中原工程项目管理有限公司提供）